당신의 마음,

민주국가의 보이지 않는 전 장

다영역으로 확대되는
새로운 전쟁의 양상

당신의 마음,
민주국가의
보이지 않는
전　장

다 영 역 으 로 확 대 되 는
새 로 운 전 쟁 의 양 상

펴낸날 2024년 10월 25일

지은이 김형중
펴낸이 주계수 | **편집책임** 이슬기 | **꾸민이** 최송아

펴낸곳 밥북 | **출판등록** 제 2014-000085 호
주소 서울특별시 마포구 양화로 156 LG팰리스빌딩 917호
전화 02-6925-0370 | **팩스** 02-6925-0380
홈페이지 www.bobbook.co.kr | **이메일** bobbook@hanmail.net

© 김형중, 2024.
ISBN 979-11-7223-036-4 (03390)

당신의 마음,
민주국가의
보이지 않는
전 장

다영역으로 확대되는
새로운 전쟁의 양상

김
형
중

다영역(multi domain)으로 확대되는
새로운 전쟁의 양상

    사회구조가 발전하고 문명 세계가 활용하는 영역이 매우 넓어지면서 전쟁의 영역 역시 우주에서 사이버, 전자기파의 영역에 이르기까지 다양한 영역으로 확대되고 있다. 한편, 전통적으로 전쟁으로 인식되는 행위에 수반되는 막대한 비용은 전면전 형태의 정규전 발발 가능성을 낮추는 요소로 작용해왔다. 지역적 수준의 패권을 추구하는 권위주의 국가들은 정규전 성격을 띠는 군사활동은 막대한 비용이 드는 탓에 이를 통해서는 패권을 달성하기 어렵다는 인식을 하게 되었다. 그러면서 지역적 패권 추구에 필요한 새로운 형태의 전쟁이 등장하기 시작했다. 전통적으로 그리고 국제법적으로 인식되어 오던 선전포고나 군사집단 간의 충돌로 시작하여 강화조약으로 종결되던 전쟁은 사라지고 전시가 존재하지 않는 전쟁의 시대가 도래한 것이다.

    지역적 수준의 패권을 추구하는 권위주의 국가들이 수행해온 종래에는 전쟁이라 부를 수 없는 성질의 '새로운 전쟁'은 크게 하이브리드전과 회색지대 전략으로 개념화, 교리화되고 또 수행되어왔다. 특히 2014년 러시아의 우크라이나 동부 합병에서 볼 수 있는 것처럼 하이브리드전과 회색지대 전략은 상당한 성과를 거두었다. 러시아가 이러한 성과에 대한 분석을 통해 이의 대응 방안이 제시되고 있다. 이러한 대응 방안의 대표적인 것이 바로 다영역 작전과 모자이크전이다. 보통 다영역 작전이 '무력 분쟁의 문턱' 이하의 수준에서 수행되는 활동 방법과 영역에 대한 것이라면, 모자이크전은 정규전 규모로 수행되는 무력 분쟁에서의 효율성에 대한 것으로 이해되고 있다.

2013년 러시아군 총참모장 발레리 게라시모프가 '새로운 전쟁'(게라시모프가 제시한 '새로운 전쟁'의 개념은 서방국가의 하이브리드전과 사실상 같다)의 개념을 제시하기 이전부터 러시아는 하이브리드전 성격을 띠는 행위로 성과를 거두어 왔다. 하지만 2022년 2월 러시아의 우크라이나 침공에서는 하이브리드전 혹은 회색지대 전략의 한계가 드러났고, 한편으론 하이브리드전 혹은 회색지대 전략이 정규전의 한 부분을 담당하는 하위 영역으로 기능을 수행하고 있는 양상 역시 관찰되고 있다.

러시아의 우크라이나 침공으로 개시된 '열전(hot war)'의 결과는 하이브리드전 혹은 회색지대 전략에 따른 '뜨거운 평화(hot peace)'의 효율성과 뜨거운 평화와 열전의 관계를 정립하는 계기가 될 것이다. 러시아의 우크라이나 침공의 향방과 무관히 뜨거운 평화는 앞으로도 권위주의 국가가 민주주의 국가를 위협하는 유용한 수단으로 활용될 것이 명백하다는 점에서 관심을 기울여야 함은 분명해 보인다.

이 책은 권위주의 국가와 권위주의를 지향하는 비국가 행위자들의 위협에 맞서기 위해 미국을 중심으로 한 서방세계가 고안해 낸 개념인 다영역 작전, 모자이크전을 먼저 다루고, 권위주의를 지향하는 비국가 행위자들이 고안해 낸 새로운 위협의 유형인 하이브리드전, 회색지대 전략을 다룬다. 그리고 하이브리드전과 회색지대 전략이 펼쳐지는 중요한 영역(domain)인 사이버 공간과 사이버 공간을 대상으로 하는 정보·심리전을 러시아의 우크라이나 침공을 비롯한 사례를 바탕으로 설명한다.

특히 이 책에서 주안을 두고 있는 부분은 정보·심리전을 인지(cognition)의 영역으로 확장한 인지전(cognitive warfare)이다. 인지전은 전쟁의 문턱 아래에서 평시에 벌어지는 새로운 전쟁에서 가장 중요한 요소로 급부상하고 있다.

인지전은 대상 국가의 내부 사회를 취약하게 만드는 것을 목표로 한다. 이에 선거를 통해 정치권력이 교체되고, 여론이 정치 과정에 직접적인 영향을 미치며, 정치적 의사표현의 자유(right to speech)가 헌법적 권리로 보장되는 민주주의 국가에게 치명적인 타격을 입힐 수 있다. 선거와 여론에 기반을 둔 '제도로서의 민주주의'가 갖는 취약점을 이용해 대상국의 국민이 스스로 적국에 유익한 결정을 하도록 하는 인지적 교란을 최종적인 목표로 삼고 있다는 점에서 인지전은 열전(hot war)과 대비되는 개념인 '뜨거운 평화'(hot peace)의 핵심적 위협이라고도 할 수 있다.

이 책은 '새로운 전쟁'과 관련해 그간 소개된 많은 전문가들의 성과를 간략하게나마 소개하는 것에 목적이 있으며 사실 저자는 이러한 주제에 전문적이고 체계적인 연구능력을 가지고 있지는 않다. 다만 '새로운 전쟁'이라는 주제에 관심을 가지고 있는 평범한 사람으로서 저자와 같은 평범한 사람들에게 스스로 정리한 관련 자료를 소개하고자 할 뿐이다. 이에 더하여 가장 최신의 전쟁 영역인 '인지(cognition)'와 관련해 인지전(cognitive warfare)의 개념, 러시아와 중국의 인지전 현황, 러시아와 중국의 인지전에 대한 일본과 미국 같은 주변국의 대응 현황을 소개하고자 한다. 러시아와 중국이 인지전의 차원에서 활용하고 있는 다양한 수단은 우리나라의 주된 위협이자 러시아, 중국과 긴밀한 관계를 맺고 있는 북한에서도 활용되고 있을 가능성이 매우 높다.

따라서 간략하게나마 새로운 전쟁의 방식인 인지전을 소개하는 것이 아직은 상당히 생소하게 느끼는 사람들이 많겠지만, 인지전에 대해서 많은 사람들이 경각심을 갖고 '오물 풍선'과 같은 최근 북한의 적대행위를 인지전의 개념을 바탕으로 생각해보는 계기가 되기를 기대하는 마음이다.

2024년 가을
김 형 중

차례

제2부 Ⅰ **인지전과 민주주의**

새로운 전쟁의 양상

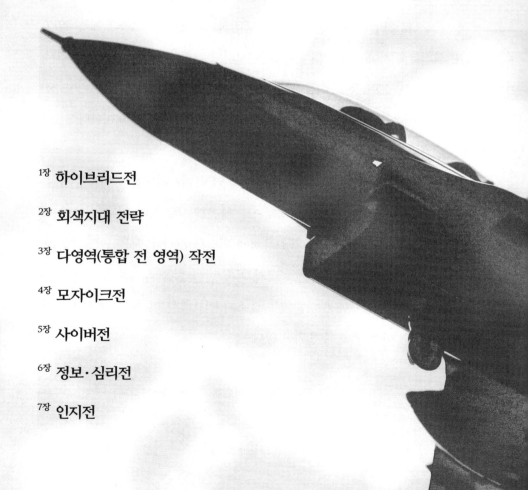

1장 하이브리드전

하이브리드 위협이란 기술력, 정치력, 경제력, 군사력 등을 모두 망라한 형태라고 할 수 있다. 하이브리드 위협은 냉전 종식 이후 서방세계에 비해 상대적으로 자원이 빈약한 러시아가 중점적으로 활용할 것이라 예측되었고 또 실제로 러시아가 활용해 왔다. 하이브리드 위협이란 정치공작, 경제침투, 정보탈취 및 교란 등을 이용하는 주로 심리전과 사이버전 영역의 비정규전 '활동'에 핵을 비롯한 정규전 발발의 '위협'을 결합하는 것을 의미한다.[1]

하이브리드 위협을 구사하는 전쟁 방식인 하이브리드전은 비대칭전, 혹은 복합전쟁이라는 용어로 설명되기도 하는데 냉전시대 이후 미국이 독보적으로 우위에 선 군사력을 보유하게 되면서 러시아에서 고안된 개념이다. 소련 붕괴 이후 러시아는 미국과 겨룰 만한 힘을 유지하지 못했고, 이러한 비대칭적 상황에서 다른 전략요소가 필요해진 러시아가 발전시킨 개념이며 러시아에 의해 수행되어 왔다.

---

1. 박지영 외, 「하이브리드 전쟁의 위협과 대응」, 『아산정책연구원 이슈브리프 2019』, 28, 아산정책연구원, 2019. 12.

"현대전의 전장은 인간의 마음속에 있다"

2013년 러시아군 총참모장 발레리 게라시모프는 하이브리드전(러시아는 이를 '하이브리드전'이라는 표현 대신 '비선형 전쟁' 또는 '신세대 전쟁'으로 표현한다²)을 "선전포고 없이 이뤄지는 정치·경제·정보·기타 비군사적 조치를 현지 주민의 저항 잠재성과 결합시킨 군사 비대칭적 군사행동(게라시모프 독트린)"으로 정의했다. 이러한 게라시모프 독트린에 따라 하이브리드 전쟁 수행에 최적화된 방향으로 러시아는 군사 전략을 발전시켰다. 이러한 군사 전략을 활용해 러시아는 에스토니아, 조지아, 우크라이나 등지에서 사이버전과 분쟁 개입을 수행하는 한편, 나토 회원국에 대해서는 확전의 위협, 경제적 영향력, 천연가스 등 에너지 자원 공급 중단 위협 등, 가용 가능한 자원을 모두 결합함으로써 나토 회원국의 개입을 부정하는 방법으로 러시아에 유리한 방향으로 상황을 전환해 왔다.³ 현대전에 관한 러시아의 관점에 따르면 '주요 전장은 영토적 경계선'이 아닌 '인간의 마음(minds) 속에 존재'한다.⁴

---

2. 송승종, 「러시아 하이브리드 전쟁의 이론과 실제」, 『韓國軍事學論輯』, 第73輯 第1卷, 2017. 2.

3. 각주 1과 같음.

4. Berzins., Janis., "Russian New Generation Warfare Is Not Hybrid Warfare, in Artis Pabriks and Andis Kudors (eds)". The War in Ukraine: Lessons for Europe. Riga, Latvia: University of Latvia Press 2015를 송승종, 「러시아 하이브리드 전쟁의 이론과 실제」, 『韓國軍事學論輯』, 第73輯 第1卷, 2017. 2.에서 재인용

게라시모프가 저술한 군대 형태와 방법에서의 주요 추세(The Main Trends in the Forms and Methods of the Armed Forces)와 국가 간 분쟁해결에서 비군사적 수단의 역할(The Role of Nonmilitary Methods in Interstate Conflict Resolution)은 러시아가 구상하는 하이브리드전 개념을 이해하기 위한 가장 중요한 자료로 평가된다. 게라시모프는 이러한 연구에서 중동지역 및 북아프리카에서 분출되었던 '색깔혁명'[5] 또는 '아랍의 봄'[6] 사태에서 전쟁과 평화의 경계선이 희미해지는 현상이 나타나고, 그 와중에 벌어지는 분쟁으로 정규전 못지않은 파멸적 결과가 초래된 점에 주목했다.[7]

---

5. 색깔혁명은 보통 2014년 우크라이나 유로마이단 혁명을 포함해 주로 구소련, 동구 지역에서 발생한 반체제 저항운동을 일컫는다. 유고연방의 불도저 혁명(2000년), 조지아의 장미혁명(2003), 우크라이나의 오렌지혁명(2004), 키르키스탄의 튤립혁명(2005) 등이 대표적이다.

6. 2010년 12월 이래 알제리, 바레인, 이집트, 이란, 요르단, 리비아, 모로코, 튀니지, 예멘 등 중동과 북아프리카 일부 지역 모두 대규모 반정부 시위와 이에 따른 정권 교체를 일컫는다.

7. 각주 2와 같음.

뜨거운 평화, 전쟁의 양상과 규칙의 변화

게라시모프는 현대전의 특성이 변화하고 있다고 주장했다.[8] '전쟁의 규칙'이 변화되어 정치적·전략적 목적을 성취함에 있어 군사적인 요소보다 비군사적인 요소가 더 큰 역할을 한다는 것이다. 게라시모프는 '아랍의 봄'에서 비롯된 일련의 사태를 21세기의 전형적인 전투로 규정했다. 사상자 수와 파괴의 규모, 사회, 경제, 정치적으로 파국의 결과를 가져왔다는 점에서 이들 분쟁은 전쟁과 유사하다는 것이다. 즉, 21세기 전쟁의 양상과 규칙이 변화하고 있다는 것이다.

그는 "21세기는 전쟁과 평화의 상태를 명확히 구분하기 어렵다. 전쟁은 더 이상 선언되지도, 시작되지도 않으며 익숙한 형태로 진행되지 않는다"고 역설했다. 이처럼 변화한 전쟁의 특징적 양상으로 "정치적·전략적 목적을 성취하기 위한 비군사적 수단의 역할이 증가하고, 많은 경우 비군사적 수단이 효율성 면에서 군사력을 넘어선다. 정치적, 경제적, 국제적, 인적 및 다른 비군사적 조치의 광범위한 사용과 더불어 정보전 행위, 특수군의 활동 등 은폐된 군사적 수단으로 지원된다. (재래식)군사력은 종종 평화유지와 위기조성이라는 명목으로 일정 단계, 즉 분쟁의 최종적 승리를 위해 공개적으로 사용된다"는 점을 꼽았다.

---

8.   김경순, 「러시아의 하이브리드전—우크라이나 사태를 중심으로—」, 『한국군사4호』, 2018. 12.

비군사적 방법으로 수행되는 분쟁과 개입

　게라시모프에 따르면 '아랍의 봄' 이후 전쟁은 군사력 사용과 더불어 주로 정치·외교·경제적 수단과 다른 비군사적 방식으로 수행된다. 향후 대규모 전면전보다 국지전이나 제한전의 가능성이 증가하는 상황에서 전쟁 상태와 평화 상태의 구분은 불분명해지고, 분쟁의 방식도 변화되어 비군사적 방식이 광범위하게 활용될 것임을 강조하였다. 전통적인 재래식 전쟁의 군사작전은 전쟁 선포를 시작으로 육·해·공군이 상대방과 대칭적으로 교전해 적을 궤멸시키는 것을 목표로 하는 반면, 현대전은 공식적 전쟁선포 없이 평시 작전부대가 그대로 시작하게 된다. 이 경우 전쟁의 중심은 군사적 대결이 아니라 심리전과 정보전이 되고 민간 전투대원이 활용된다. 이러한 새로운 전쟁에서는 비군사작전인 여론조작과 대내전투를 담당할 행동대원을 가장한 군의 배치가 중요해진다. 이러한 비군사작전이 성공하면 다음으로는 인권보호나 질서구축 등 다양한 명분을 내세워 서방국가들이 발전시킨 작전 개념인 이른바 '전쟁 이외의 군사작전(MOOTW, Military Operations Other Than War)' 형태의 군사개입을 정당화시킨다.

복잡해지는 사회, 넓어지는 전쟁의 영역

또한 오늘날 전쟁은 최근 정보기술, 현대무기와 장비, 첩보와 전자전 기술, 자동화된 통제 체계 등 군사작전이 총체적으로 통제되는 네트워크 중심전으로 수행된다. 이는 우주작전과 체계적 패턴을 따르는 항공작전으로 이루어지며, 이를 위해서는 새로운 정보기술과 고도 정밀무기가 대규모 활용된다. 과거 전쟁이 육·해·공 3차원에서 싸웠다면, 이제 전쟁은 육·해·공에 정보가 더해져 4차원으로 확대된다. 따라서 상대방보다 정보적 우월성을 확보하지 못한다면 승리할 수 없게 된다. 상황에 따라 정보기술을 비롯한 네트워크 체계가 전쟁에서 무기보다 우월한 요소가 될 수 있다. 따라서 통합 정찰력과 정보환경에서 기동성을 지닌 합동군의 역할이 중요하다. 위와 같은 전술은 인도적 개입이라는 개념으로 서방국가들이 개입한 코소보전 이래 미국을 비롯한 서방 국가들이 MOOTW 등의 형태로 이라크, 아프가니스탄 등 비서방국가들을 대상으로 반복적으로 수행하며 발전시켜 온 것이기도 하다.

따라서 게라시모프는 '색깔혁명'과 '아랍의 봄' 사태 이후 러시아가 소프트 파워로 명명된 정치, 외교, 경제, 정보, 사이버, 심리 및 다른 비군사적 수단의 사용과 연계되어 광범위하고 다방면으로부터 위협에 직면해 있다고 보았다. 게라시모프는 미국과 같은 선진강국의 '첨단 전투기술'인 항공,

해상, 우주에서 작동하는 고도정밀·원거리 체계를 구축함으로써 적과 비접촉 통제방식에 의해 군사적 목표를 파괴할 수 있는 능력에도 대응해야 한다고 주장했다. 결론적으로 게라시모프는 새로운 안보위협에 대응하기 위해 러시아가 재래식 군사력만이 아니라 '연성적 힘'(soft forces)을 포괄하는 광범위한 힘을 구축해 발전시킬 필요가 있다고 생각했다.

하이브리드전의 등장

하이브리드전이라는 용어는 1998년 미 해군 대위였던 워커(Robert Walker)가 작성한 해군대학원 석사학위 논문에서 처음 사용된 것으로 알려져 있다. 러시아에서 게라시모프가 하이브리드전을 정의하기 이전부터 하이브리드 전쟁은 정책 토론을 통해 점점 부각되어 왔다.[9] 워커는 하이브리드전을 재래전과 특수전 사이에 존재하는 전쟁형태로 정의하고, 하이브리드전이 재래전과 특수전의 특징을 모두 갖는다고 주장하였다. 이는 현재의 하이브리드전과는 다른 의미를 갖는 것으로 평가된다.[10]

---

9. Arsalan Bilal, "Hybrid Warfare – New Threats, Complexity, and 'Trust' as the Antidote", NATO Review, 30 November 2021

10. 지효근, 「하이브리드전 승리요인 분석과 한국에 대한 함의」, 『국방정책연구』, 통권 130호, 2020년, 겨울(36-4)

체첸 전쟁, 하이브리드전이 시작되다

2002년 몬트레이 해군대학원에서 네메스(W.J. Nemeth) 소령은 하이브리드전의 개념을 1차 체첸 전쟁을 분석하는 데 사용했다.[11] 그는 체첸사회가 현대 이전의 정치, 사회, 문화와 현대의 정치, 사회, 문화가 공존하는 비동시성의 동시성(The Contemporaneity of the Uncontemporary)을 띤 국가·사회구조로 이러한 구조를 이용해 체첸인들을 대대적으로 전쟁에 동원할 수 있었다고 분석했다. 이러한 하이브리드 사회에서 유연하고 효율적으로 정규전과 비정규전의 요소가 결합된 하이브리드 전투형태가 나왔다고 평가했다. 즉 체첸인들은 러시아의 움직임에 따라 전쟁의 형태를 비정규전과 정규전을 혼합해서 활용하였고, 러시아군을 대상으로 한 심리·정보전에 적용하기도 하였다.

러시아의 문화와 언어에 매우 익숙한 이점을 이용한 체첸인들은 러시아를 상대로 정보전을 효율적으로 전개할 수 있었으며, 서방으로부터 지지와 동정을 받을 수 있었다는 것이다. 즉 군사적으로 비대칭적임에도 불구하고 체첸은 하이브리드 사회의 특성에 기초해 러시아를 오랫동안 괴롭힐 수 있었던 것이다. 체첸의 하이브리드전은 현대식 정보전 방식을 사용하

---

11. 김경순, 「러시아의 하이브리드전-우크라이나 사태를 중심으로-」, 『한국군사4호』, 2018. 12.

는 비정규적·정규적인 전술이 혼합된 전쟁이었다. 상대적으로 약소국이었던 체첸이 이러한 전술을 사용할 수밖에 없었던 이유는 체첸사회의 강력한 지도자, 대의에 대한 강한 믿음, 극단적 손실조차 감내하는 사회, 탈중앙집중화된 전술 등의 강점을 가지고 있었기 때문이다. 더욱이 체첸 전쟁 당시 체첸은 전쟁이 사회 전체를 지배하고 있어, 전투원과 비전투원의 구분이 없었고, 테러, 학살, 극단적인 비인간적 처리, 범죄행위 등에 의존할 수 있었던 측면도 있었다. 러시아가 구사하는 하이브리드전은 코소보, 이라크, 아프가니스탄, 리비아 등 반민주 권위주의 체제인 비서방국가의 체제 전복 과정에 대한 간접적인 경험과 체첸 전쟁에서의 패배, 고착의 경험에서 도출된 것이라고 할 수 있다.[12]

---

12. 1999년 발발한 2차 체첸 전쟁은 이치케리야 체첸 공화국 멸망과 체첸의 러시아 연방에 편입으로 귀결되었고 2009년에 러시아 정부가 체첸에서의 '대테러 작전'을 종결하면서 러시아의 승리로 끝난다. 이후 수립된 친러 체첸 정부는 푸틴의 요청으로 우크라이나 전쟁에 무장집단을 보내기도 했으며 2차 체첸 전쟁 승리의 경험은 남오세티야, 우크라이나 크림반도 등 주변국에 대한 '게라시노프' 방식의 개입으로 이어진다.

미군이 먼저 이론화한 하이브리드전 개념

게라시모프가 이러한 구상을 발표하기 전인 2005년 미군 관계자들 역시 '하이브리드전의 부상'에 대한 연구결과를 발표했다. 이들은 기존의 것과의 조화를 강조하면서도 인습에 얽매이지 않는 전략, 수단 및 전술과 전통적인 현대전뿐 아니라 심리적 또는 현대 국가가 내포할 수밖에 없는 갈등의 심리전적, 정보전적 측면에 대한 것이었다. 후술한 내용에서 보았듯 러시아는 2014년 크림반도를 침공하여 목표를 달성했다. 미군은 이에 대하여 러시아가 '작은 녹색 사람들'[13]이라고 불리는 "부정할 수 있는" 특수부대를 통합함으로써 무장 행위자, 경제적 영향력, 허위 정보 및 우크라이나의 사회·정치적 양극화를 악용했다고 평가했다.[14]

이론적 측면에서 하이브리드전을 본격적으로 다루기 시작한 것은 2005년 매티스와 호프만(Mattis & Hoffman, 2005)의 기고문으로 평가된다.[15] 한편, 미 국방부는 국방전략서(National Defense Strategy 2005)에서 미래 미군이 직면할 네 가지 위협으로 전통적 위협, 비정규적 위협,

---

13. 국적이나 성명, 계급을 표시하는 표지물이 부착되지 않은 녹색 전투복을 입은 러시아 특수전부대원들로 이는 적법 전투원은 멀리서 식별할 수 있는 특수한 휘장을 부착해야 함을 명시한 「육상전의 법률 및 관습에 의한 협약」에 정면으로 위배되는 것이다. 이들은 작은 녹색 사람들, 예의 바른 녹색 사람들로 명명됐다.

14. Arsalan Bilal, "Hybrid Warfare - New Threats, Complexity, and 'Trust' as the Antidote", NATO Review 30 November 2021.

15. 각주 10과 같음.

재앙적 위협, 파괴적 위협 등을 제시한 바 있다. 매티스와 호프만은 미래전에서 적이 이 네 가지 위협을 혼합하여 미군에 도전할 것이라고 보았고, 이러한 위협들이 혼합된 형태의 전쟁을 하이브리드전이라고 표현하였다. 또 하이브리드전 수행의 주체를 실패한 국가, 불량국가, 준군사조직, 테러집단, 비국가행위자 등이 될 수 있다고 평가하고, 이들의 공격형태도 경제전쟁에서부터 군대 또는 금융시스템에 대한 컴퓨터 네트워크 공격까지 다양할 것으로 전망했다. 이와 같이 매티스와 호프만은 하이브리드전을 명확히 정의하기보다 미래전쟁 양상 가운데 하나의 형태로 하이브리드전을 설명하면서 혼합된 공격주체가 혼합된 공격 형태를 보이는 것으로 다소 모호하게 정의하였다.

하이브리드전, 모호하면서도 복잡한 전쟁의 양상

호프만은 제2차 레바논전쟁에 대한 외교정책연구소(Foreign Policy Research Institute)에 기고한 글을 통해 하이브리드의 개념을 다시 정의하였다. 그는 아프가니스탄, 이라크, 제2차 레바논전쟁 등을 '복잡한 비정규전'(Complex Irregular Warfare)이라고 규정하였다. 이러한 정의는 같은 해 발표된 호프만의 또 다른 논문에서도 동일하게 나타난다. 호프만은 이를 하이브리드전과 동일시하면서 하이브리드라는 용어가 조직과 수단을 모두 포함하는 개념이라고 주장하였다. 다시 말해 조직의 측면에서 하이브리드전은 국가뿐만 아니라, 테러조직 같은 비국가행위자를 포함하고, 수단의 측면에서 미사일과 같은 재래식 무기에 급조폭발물(IED) 등과 같은 단순한 무기도 함께 사용된다고 주장한다.[16]

이러한 호프만의 정의는 2005년 기고문의 정의를 반복한 것으로 하이브리드전을 '복잡한 비정규전'으로 정의하는 문제점이 있었다. 즉 하이브리드전을 비정규전의 한 형태로 간주하였으며, 하이브리드전의 주체와 수단에만 주목해 2014년 러시아가 수행한 하이브리드전에서 나타난 회색지대 등의 특징을 포함하지 못하는 허점을 보여주었다.[17] 특히 전쟁의 목표

---

16. 각주 10과 같음.

17. 각주 10과 같음.

(objective) 차원에서 하이브리드 전쟁은 적 군사력 궤멸, 주요 지형 확보 등이 아닌 인간지형[18]에 대한 통제를 핵심적 목표로 삼는다는 점을 간과하고 있었다. 크림반도 합병 시 러시아는 우크라이나군의 궤멸보다는 우크라이나군의 전투의지 소멸과 크림반도 주민에 대한 통제를 핵심목표로 설정한 바 있다.[19]

---

18. 머큐언(McCuen, 2008, p. 107)은 "민간인과 뒤섞인 교전에 군이 어떻게 대응할 것인가"가 미래전의 관건이 될 것이라고 예측한 바 있다. 지효근은 '인간지형'을 분쟁지역 주민뿐만 아니라 머큐언이 언급했던 자국민과 국제사회를 포함해 전쟁심리적 차원에서 공격주체에 대한 지지를 의미한다고 정의하고 인간지형에 대한 통제, 즉 공격 주체에 대한 지지를 이끌어내는 것이 하이브리드 전쟁의 승리요인이라고 보았다.

19. 각주 10과 같음.

민주국가의 보이지 않는 전장

하이브리드전과 '인간지형의 전장'

호프만은 2007년 발표한 저술에서 하이브리드전을 전쟁형태와 전쟁 주체가 모호하고 다양한 기술의 사용으로 발생하는 매우 다양하고 복잡한 전쟁이라고 정의하였다. 그러면서 하이브리드전이 발생할 가능성이 큰 장소로 도시지역과 같은 복잡한 지형을 지목하였다.[20]

호프만의 정의를 이론적으로 발전시킨 사람은 머큐언(John J. McCuen)이다. 그는 2008년 논문에서 하이브리드전을 호프만과 같은 맥락에서 대칭전과 비대칭전이 혼합되어 나타나는 가운데 전통적인 군사작전을 수행하는 한편, 피침략국가의 국민들을 통제하기 위한 작전을 수행하는 것으로 정의하였다. 또 그렇기 때문에 하이브리드전은 물리적 차원(physical dimension)과 개념적 차원(conceptual dimension)을 포함한 모든 영역에서 발생하는 전쟁이라고 보았다. 특히 개념적 차원의 요소인 분쟁국가의 국민, 자국민 그리고 국제공동체를 '인간지형'(human terrain)으로 정의하고 하이브리드전에서 승리하기 위해 재래식 전장과 인간지형의 전장에서 성공해야 한다고 주장했다. 머큐언은 그동안의 하이브리드전의 정의, 즉 전쟁수단의 혼합, 전쟁 주체의 혼합 등에서 인간지형이라는 개념을 도입해 전쟁의 목표를 정의함으로써 하이브리드전의 개념을 발전시켰다고 할 수 있다.[21]

---

20. 각주 10과 같음.
21. 각주 10과 같음.

러시아의 하이브리드전에 대한 미 육군의 평가

2014년 러시아가 우크라이나 동부를 병합하는 과정을 계기로 국가급 행위자를 실제 주체자로서 구현한 성공한 하이브리드전으로 평가하며 국방정책의 실무 차원에서 주목하기 시작했다. 미 육군은 2018년 미 육군 훈련교리사령부(TRADOC)가 발간한 The U.S. Army in Multi-Domain Operations 2028(TRADOC Pamphlet 525-3-1)에서 "러시아는 비정규전과 정보전을 사용하여 모호함을 유발하고 적(미국과 미국의 동맹국)의 반응을 지연시키는 기법을 전파해왔다. 지난 10년 동안 러시아는 접근 금지 및 영역 거부 기능과 체계에 대한 투자를 확대해 합동 전력이 경쟁 지역에 진입하는 것을 거부하고 변경된 형상을 '기정사실화하는'(a fait accompli) 형식의 공격을 위한 조건을 설정해왔다"고 평가했다. 미 육군의 이러한 하이브리드 전쟁에 대한 평가는 미군이 고안한 다영역 작전이 바로 2014년 우크라이나에서 러시아가 성공적으로 수행한 하이브리드전에 대응하는 데 목적이 있음을 명확하게 보여주는 것이기도 하다.

러시아와 중국의 하이브리드전 전략

G2로 급부상하며 미국과 '신형대국 관계'를 수립하고자 하는 중국은 하이브리드전을 중국에도 매우 효과적이고 매력적인 대안으로 채택했다. 중국은 특히 하이브리드전을 후술할 회색지대 전술로 발전시켜 활용하고 있다. 중국은 일본과 센카쿠 영토로 인해 분쟁에 대한 대응조치로 희토류 수출중단이나 관광제한 등의 제재를 가하였고, 필리핀·베트남과 남중국해 영토분쟁에서는 관광제한 조치를, 우리나라 사드 배치에 따른 분쟁 시에는 경제적 보복 등을 실행했다. 이는 중국이 적극적으로 비군사적 공격을 주변국에 감행해 온 것으로 러시아의 하이브리드전을 참고한 것이라 할 수 있다.

실현 불가능한 전통적인 정규전, 새로운 공격의 시작

사실, 2014년 러시아가 우크라이나 동부를 병합하는 과정에서 하이브리드전 요소를 활용하기 이전부터 군사적 전면전은 매우 드물게 수행되었다. 현대사회는 군사적 충돌보다는 비군사적, 비전통적 개념의 위협 등의 중요도가 커졌던 것이 사실이다. 군사적 수단을 이용한 정규전의 양상과는 다르지만 상호 상당한 피해를 목적으로 하는 다양한 공격이 발생해왔기 때문이다. 그리고 이러한 공격은 군사력이 본격적으로 동원되지 않고 있음에도 흔히 전쟁이라고 표현한다.

하이브리드전의 공격 목표는 전통적인 공격 목표인 군사집단이나 권력집단이 아니다. 공격목표는 상대국의 사회적 가치와 규범을 공격해 사회적 혼란과 분열을 조장하는 것이다. 이처럼 상대국의 사회적 가치와 규범을 공격하는 기술이 날로 발전하며 일상의 일부가 된 SNS 등 미디어를 이용한 심리전과 정보전이 주로 사용된다. 따라서 하이브리드 위협은 뚜렷하게 공격이라고 인지하지 못하는 가운데 심각한 타격을 받을 수 있는 위험요소로 평가된다. 군사력, 경제적, 국제적 영향력 등 전통적인 영역에서 상대국이 압도적인 우위를 점하고 있는 경우, 이러한 비대칭적인 힘에 맞서기 위한 도구로 활용되는 하이브리드전은 매우 효과적이다.

중동테러집단, 마약조직 등 비국가 단체 및 집단, 세력은 물론 하이브리드전을 통해 사회적 가치와 규범에 혼란을 일으키게 된, 이른바 '외로운 늑대(lonely wolf)'로 불리는 개인 테러로 발생하는 위협은 소재와 책임을 파악하기 쉽지 않고 행위자의 입장에서는 비용도 적고 명확한 주체 파악이 어려워 책임을 회피할 수 있어 하이브리드전 행위자에게 아주 좋은 수단이 된다. 이처럼 위협의 주체가 '비국가 행위자'로 점차 다양화되고 예측하기 어려워지면서 위협에 대처하기 위한 비용은 급격하게 증가하게 되었다. 또한 네트워크가 고도로 연결된 현대사회일수록 시간과 장소에 구애받지 않고 공격을 감행할 수 있다. 따라서 하이브리드전에서는 '위기 이전 국면'에서 대응할 수 있는 능력을 갖추는 것이 매우 중요하다.

탈레반의 하이브리드전, 아프가니스탄에서 미군을 몰아내다

한편, 하이브리드전에서의 우위는 아프가니스탄에서 탈레반이 최종적으로 승리하고 미군이 철수하게 된 원인 중 하나로 꼽는다. 1979년 소련의 침공으로 시작된 아프가니스탄 전쟁 이래 수염을 기르고 전통 복장을 한 채 'AK-47'과 'RPG-7'을 이용하는 건 탈레반 전사의 전형적인 모습이었다. 21세기, 9.11 테러에 대한 보복으로 시작된 아프가니스탄 전쟁에서 탈레반 전사는 전쟁 기간 중 스마트 폰을 이용해 전투 장면을 제작하고 이를 SNS를 활용해 정보통신기술 발달로 초연결사회가 된 선진국가의 국민들에게 공개하는 모습으로 급격하게 변화했다. 또한 탈레반은 '봇'을 이용해 SNS에 자동으로 댓글을 달아 탈레반의 전투 성과를 알리고 부정적 이미지를 쇄신하는 메시지를 배포하며 전장을 온라인 공간으로 확장해나갔다.

정보통신기술의 비약적 발전과 관련 비용의 급락은 정보 생산성을 효율화하고 접근성을 확대시켰다. 이러한 환경 변화는 탈레반에게 매우 유리하게 작용하였으며, 탈레반은 정보 공개 및 조작을 통해 SNS로 대표되는 사이버 공간에서 수행하는 심리전의 효과를 극대화할 수 있었다. 20년 넘게 진행된 미국의 아프가니스탄 전쟁에서 유튜브 같은 캐주얼한 미디어 허브와 드론, 모바일 통신기술과 같은 기술적 진전을 더 효율적으로 활용한 존재가 미군이나 아프카니스탄군이 아닌 탈레반이었다는 점은 특히

민주국가의 보이지 않는 전장

주목할 만한 점이다.[22]

이처럼 탈레반이 수행하는 'SNS 전쟁'은 노트북과 휴대폰을 이용한 하이브리드전으로 급격하게 진화해 나갔다. 이러한 진화는 내적으로는 동기부여를 통한 응집력 강화를 촉진하고 외적으로는 고도의 심리전의 효과를 가져왔다.

---

22. [시사뇌피셜] 하이브리드 워로 승리한 탈레반-새로운 전장이 한국군에 시사하는 점, 시사N라이프, 2021. 9. 6.

하이브리드전은 약자만의 것이 아니다!

한편, 하이브리드전에서 사이버 공간을 활용한 심리전이 미치는 영향력은 군사적, 경제적, 외교적 자원이 열세에 놓인 집단에만 유용한 것이 아니라는 점에서 더욱 주목할 만하다. 아제르바이잔과 아르메니아가 갈등을 벌이던 나고르노-카라바흐 지역에서 2020년 재발발한 제2차 나고르노-카라바흐 전쟁에서 아제르바이잔 군은 드론 전투의 전술적 성과를 SNS에 공개함으로써 전략적 효과를 극대화했다.

아제르바이잔 군은 군사 혁신의 상징과도 같은 드론을 활용해 아르메니아 군의 주요 전력을 파괴하는 전투 영상을 집중적으로 공개하고, 자신들의 전투 영상을 전 세계에 실시간 중계함으로써 전략적 효과를 극대화하는 데 성공했다. 여기서 주의 깊게 살펴볼 점은 두 국가의 재래전력 격차이다. 아제르바이잔 군은 병력, 전차, 자주포, 전투기 등 전통적인 군사 능력에서 아르메니아보다 우위였고, 국방비는 아르메니아의 5배에 이르는 재정이었던 것으로 알려졌다. 그럼에도 아제르바이잔 군은 공격 및 자폭드론을 활용해 전격적인 드론 전투를 감행, SNS를 통해 공개함으로써 적을 심리적으로 위축시키는 고도의 정보·심리작전을 전개했다. 제2차 나고르노-카라바흐 전쟁은 하이브리드전이 군사, 경제, 외교적 자원이 열세인 집단에게만 활용되는 수단이 아니라는 것을 확인시켜 준 인상적인 사건이라 볼 수 있다.

민주국가의 보이지 않는 전장

미 육군 특수전사령부의 게라시모프 독트린 분석

전술한 바와 같이 하이브리드전은 2014년 러시아가 우크라이나 동부지역의 병합 과정[23]에서 활용함으로써 최초로 국가 행위자에 의해 수행되었고, 이때부터 전형적인 형태를 갖추게 된 것으로 평가된다. 그리고 미육군 특수전사령부는 2014년 러시아가 우크라이나 동부지역을 병합하는 과정을 게라시모프가 "국가 간 분쟁해결에서 비군사적 수단의 역할"에서 제안한 모델을 바탕으로 세밀하게 분석했다. 이하에서는 게라시모프가 "국가 간 분쟁해결에서 비군사적 수단의 역할"에서 제안한 모델을 바탕으로 NATO가 '하이브리드전'으로 명명한 2014년 러시아의 동부 우크라이나 병합 과정에 대한 미군의 분석 결과를 살펴보기로 한다.

게라시모프는 "국가 간 분쟁해결에서 비군사적 수단의 역할"에서 현대전 분쟁의 주요 단계를 ① 은밀한 기원, ② 고조, ③ 갈등행위의 시작, ④ 위기, ⑤ 해소, ⑥ 평화 회복의 여섯 국면으로 구성한 모델을 제시했다. 미육군 특수전사령부에 따르면 각 국면의 성격은 다음과 같다.[24]

---

23. 김경순, 「러시아의 하이브리드전-우크라이나사태를 중심으로-」, 한국군사4호, 2018. 12.

24. United States Army Special Operations Command (US ASOC), "Little Green Men: A Primer on Modern Russian Unconventional Warfare", Ukraine 2013-2014. Fort Bragg, NC: USASOC. (Unclassified version of the original document), 2015.

1. 은밀한 기원(covert origins)

장기화될 가능성이 높은 초기 단계에서는 반대 정권에 대한 정치적 반대가 형성된다. 이 저항은 정당, 연합, 노동조합의 형태를 취한다. 러시아는 성공적인 해결을 위한 환경조성을 위해 전략적 억지 조치를 취하고 광범위하고 포괄적이며 지속적으로 정보전 영역의 작전을 수행한다. 이 단계에서 군사 활동의 가능성이 나타난다.

2. 고조(escalations)

분쟁이 고조되면 러시아는 문제를 일으키는 정권이나 비국가 행위자에게 정치적, 외교적 압력을 가한다. 이러한 활동에는 상대국을 고립시키기 위한 경제적 제재 또는 심지어 외교 관계의 중단이 포함될 수 있다. 이 단계에서 지역 및 해외의 군사 및 정치 지도자들은 발전하는 갈등을 인식하고 공식적 입장을 밝히게 된다.

3. 갈등행위의 시작(start of conflict activities)

세 번째 단계는 분쟁 지역의 반대 세력들이 서로에 대한 대항 조치를 하면서 시작된다. 이것은 시위, 항의, 전복, 사보타주, 암살 및 준군사 활동의 형태를 취할 수 있다. 분쟁 활동의 강화는 러시아의 이익과 국가 안보에 직접적인 군사적 위협이 되기 시작한다. 분쟁의 단계가 시작될 때 러시아는 분쟁 지역을 향해 군대를 전략적으로 배치하기 시작한다.

4. 위기(crisis)

위기가 최고조에 이르면 러시아는 강력한 외교적, 경제적 설득과 함께 군사 작전을 시작한다. 정보전 영역 작전은 러시아의 개입에 도움이 되는 환경을 만들기 위한 관점에서 지속된다.

5. 해소(resolution)

이 단계에서 러시아 지도부는 갈등을 해결하기 위한 최선의 길을 모색한다. 국내 경제는 전쟁 노력의 성공적인 수행을 위한 국가의 노력을 통합하는 방법으로 전쟁 기반으로 전환된다. 결의안의 방점은 분쟁 지역 또는 국가의 군사적, 정치적 리더십 변화에 영향을 미치는 것이다. 서방군에서는 이것을 '정권 변화'라고 하나 목표는 평화, 질서로의 복귀 및 일상적인 관계의 재개를 촉진하는 방식으로 지역의 정치, 군사, 경제 및 사회적 현실을 재설정하는 것이다.

6. 평화회복(restoration of peace)

다시 길어질 수 있는 최종 단계에서 러시아는 긴장 완화를 위한 종합적인 조치를 감독하고 평화 유지 작전을 수행한다. 이 단계에는 분쟁의 원래 원인을 해결하는 분쟁 후 해결을 수립하는 데 필요한 외교적, 정치적 조치가 포함된다.

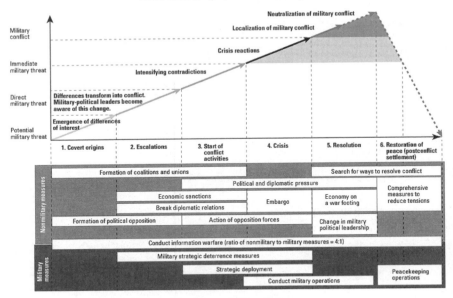

Main Phases (Stages) of Conflict Development

The role of nonmilitary methods in interstate conflict resolution

[그림 1] 갈등 발전의 주요 단계

2014년 크림반도 병합으로 현실화된 게라시모프 독트린

미육군 특수전사령부는 이처럼 6단계로 구성된 게라시모프 모델을 2014년 러시아의 동부 우크라이나 병합 과정에 적용해 분석했는데 그 결과는 다음 그림과 같다.

민주국가의 보이지 않는 전장

Main phases (stages) of conflict development in eastern Ukraine

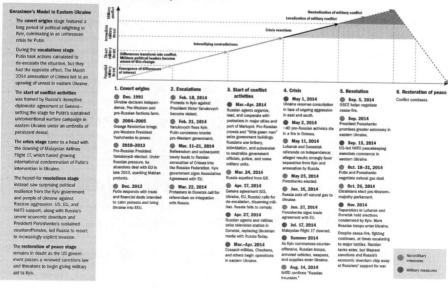

[그림 2] 동부 우크라이나 갈등 발전의 주요 단계

Main phases (stages) of conflict development in Crimea

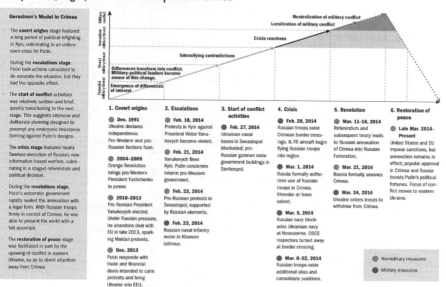

[그림 3] 크리미아 갈등 발전의 주요 단계

첫 국면인 '숨겨진 기원'은 1991년 12월 소련으로부터 우크라이나의 독립선언, 2013년 11월 우크라이나의 EU 가입협상 포기로 촉발된 대대적인 민중시위(이를 '유로마이단 시위'라고 하며 결국 친러 정부의 수장이던 야누코비치는 2014년 2월 실각하게 된다)와 2013년 12월 시위사태를 완화시키기 위해 푸틴이 제시한 무역·재정적 조치에 이르는 장기간을 포괄한다. 두 번째 국면인 '긴장 확산'에서 러시아는 사태 진정을 위한 일련의 조치를 취했다. 그러나 2014년 2월 야누코비치가 실각하면서 결과적으로는 우크라이나 동부지역에서 주로 사용되던 러시아어의 제 2공용어 지위를 박탈하였고 러시아어만을 사용하는 공무원의 파면 등 친서방 세력의 완전히 승리로 귀결되었다.[25]

유로마이단 시위가 친서방 세력이 완전히 승리로 귀결되자 이제 '작은 녹색 사람들'의 등장으로 시작된 세 번째 국면인 '갈등행위 개시' 활동은 급속하게 다음 국면인 '위기'로 이행되었다. 본격적인 '위기'가 벌어지자 러시아는 새로운 형태의 전쟁(warfare)인 하이브리드전을 수행했다. 러시아는 세바스토폴 해군기지 점령 등을 통해 크림반도 등지에서 우크라이나의 정부기능을 마비시킨 뒤 뒤이은 국민투표를 통해 크림반도와 우크라이나 동부지역을 분리, 위성 국가를 수립한 것이다. '분쟁해결' 국면에서 러시아

---

25. 각주 2와 같음.

민주국가의 보이지 않는 전장

는 재빨리 크림반도의 분리독립에 법적 정당성을 부여하고, 마지막 '평화 회복' 국면에서 메드베데프 러시아 수상은 크림반도를 방문하여 막대한 경제지원과 함께 러시아 경제권으로의 통합을 약속하는 등 긴장을 완화 시키기 위해 유화적 활동을 개시했다.

러시아 하이브리드전, 벼랑 끝 핵사용 전술을 사용하다

이러한 과정에서 러시아는 메시지 차원의 핵전력 운용의 모호성을 활용했다는 점은 특히 주목할 만하다. 2022년 우크라이나 침공 이후에도 러시아는 핵전력 운용의 모호성을 반복적으로 활용하고 있다. '위기'가 절정을 향해 치닫던 2014년 3월 27일 러시아는 우크라이나 동부 국경지대에 10만 명 이상의 병력을 집결시키고 해·육상에서 불시 군사연습과 동시에 3대 핵전력(대륙간탄도미사일, 전략핵폭격기, 잠수함발사탄도미사일)을 모두 동원한 대대적인 핵공격 훈련을 하며 우크라이나에 압박을 가했다.[26]

우크라이나 위기 동안 러시아 관리들은 "핵무장한 러시아를 건드리지 말라"는 메시지를 반복하여 전 세계에 전달했다. 2014년 8월 푸틴은 "러시아는 세계 최대의 핵 강국 중 하나이기 때문에 어떤 나라도 러시아에 대해 대규모 분쟁을 시작할 의도가 없다"고 강조했다. 러시아에 대한 추가 서방 제재 전망을 언급하면서 푸틴은 러시아를 '협박'하려는 시도가 전략적 안정에 극적인 결과를 초래하는 "강대국 간의 불화"로 이어질 수 있다고 말했다. 그는 또한 냉전기 흐루쇼프의 핵미사일 벼랑 끝 전술을 긍정적으로 평가했다.

---

26. 각주 2와 같음.

민주국가의 보이지 않는 전장

러시아 관리들은 "러시아가 새로운 영토를 유지하기 위해 핵 사용 옵션을 유보한다"는 사실을 암묵적으로 제시했다. 2014년 7월 세르게이 라브로프 러시아 외무장관은 침략의 경우 러시아는 "국가 안보 교리를 가지고 있으며 이 경우 취할 조치를 매우 명확하게 규제한다"고 언급했다. 이 성명은 러시아가 핵 능력이 있는 군대를 크리미아로 이동시키고 있다는 보도와 러시아가 세바스토폴의 핵 저장 인프라를 개조하고 있다는 우크라이나 공식 성명과 병치될 수 있었다. 그 밖에도 러시아 관리들은 크리미아에 핵무기를 배치할 수 있는 권리를 반복적으로 주장했다. 러시아의 핵 결의는 특히 크리미아와 관련하여 강조되었다. 2015년 3월 러시아 텔레비전에서 방영된 다큐멘터리에서 블라디미르 푸틴은 크리미아 합병 기간 동안 러시아가 핵무기를 사용할 준비가 되었음을 은근히 시사했다.[27]

러시아의 핵 독트린이 우크라이나 위기사태와 맞물려 재래식 군사력 위협과 상승작용을 일으키는 것은 우려스런 현상이 아닐 수 없었다. 이전까지의 서방세계는 러시아가 내세우는 핵사용 전략의 의미를 구소련으로부터 물려받은 재래식 군사력의 열세로 인하여 어쩔 수 없이 핵 전력에 의존해야 하는 것으로 해석하였다. 재래식 군사력 분야의 약점을 안고 있는 러시아가 가용한 모든 수단을 동원해 정치·군사적 안보를 극대화시켜야

27. Jacek Durkalec, Nuclear-Backed 'Little Green Men': Nuclear Messaging in the Ukraine Crisis, The Polish Institute of International Affairs, 2015

하는 입장에 수긍하는 편이었다. 그러나 러시아가 재래식 군대와 핵전력을 동시에 사용할 수 있음을 공언하자, 재래식 전력의 지상전 상황에 따라 러시아의 핵무기 작전계획이 유효화될 수 있다는 사실을 깨달았고, 핵무기가 경고용 '신호도구(signaling tools)'라던 서방국가의 인식 자체를 바꾸게 하였다.[28]

특히 러시아는 우크라이나 위기상황에서 핵무기를 둘러싼 모호성, 즉 핵무기로 무엇을 달성하려는지, 어느 지점 또는 장소에 사용하려는 것인지에 관한 모호성을 증폭시켰다. 이처럼 국가정책 전반에 발신되는 '핵신호(nuclear signaling)'는 러시아의 강점을 강조하는 동시에 두 가지 목표를 노리고 있던 것으로 평가된다. 첫째는 미국에 핵 의지를 과시하는 것이었고, 둘째는 유럽과 국제사회의 반응을 시험해 보는 것이었다.

---

28. 각주 2와 같음.

러시아의 새로운 핵 전략, 확산완화와 확전우세

오늘날 러시아 핵 전략의 키워드는 '확산완화(deescalation)'와 '확전우세(escalation dominance)'라는 두 가지 개념이다. 우선 '확산'이란 단어가 국제정치 무대에 등장한 것은 1950년대로 본래 의도는 '왜 전쟁이 제한적 상태로 머물 수 없는지'를 경고하는 의미였다. 일단 대규모 군대가 충돌하기 시작하면 분쟁은 갈수록 통제가 어려운 상태로 악화된다. 혼란이나 오해 또는 패닉 등으로 갖가지 폭력적 행동을 자극한다. 명성, 신뢰, 자부심 등이 중요한 변수로 작용하면 당초 분쟁에서 정당화될 수 있었던 수준을 넘어선 이상의 군사적 노력을 기울일 정치적 필요성이 커진다. 이런 문제는 대중적 여론을 동원하는데 필요한 레토릭에 의하여 한층 악화된다. 만일 전쟁의 '문턱(threshold)'에서 멈추거나 그러한 합의가 이루어지려면, 모든 당사자들이 '지금의 전쟁'에 투입되는 노력을 축소(scale down)시켜야 한다. 결국 제한전은 타협을 함축한다. 하지만 적이 가장 악마적 용어로 묘사되고, 싸움에 걸려있는 이익이 특히 집권 세력의 정치적 생존을 좌우할 정도로 막대한 경우에는 타협이 매우 어려워진다.[29]

---

29. 각주 2와 같음.

확전우세와 선전선동의 결합, '상대적 두려움'을 증폭시키다

'확전우세'는 교전 당사자 중 어느 한쪽이 상대에게 불리 또는 감당할 수 없는 비용을 강요하며 갈등을 확대시킬 수 있는 반면, 다른 쪽은 확전 이외의 대안이 없거나 대안이 가용하더라도 이를 통해 현재 상황을 개선 시킬 수 없다는 판단에 따라 똑같은 방식으로 적에게 대응할 수 없는 상황을 의미한다. 확산이론의 핵심 개념 중 하나인 '확전우세'는 교전 당사자 일방이 '확산 사다리(escalation ladder)'에서 차지하는 상황과 관련되는데, 다른 모든 조건들이 일정하다는 것을 전제로 확전우세를 확보한 측이 확산 사다리 내의 특정 지점에서 우위를 차지할 수 있다. 따라서 이는 점유하고 있는 사다리 계단에서의 상대적 경쟁력, 갈등이 다음 계단으로 확산되는 경우에 어떤 일이 발생할지에 대한 판단, 그리고 각자가 갈등을 다른 계단으로 이동시키기 위한 수단 등을 모두 망라한 일종의 '대차대조 표'에 따라 좌우되는 것이다. 확전우세에 중요한 변수는 각자가 분쟁 또는 충돌에 대하여 갖는 '상대적 두려움의 정도'이다. 갈등의 발발로 예상손실이 가장 적거나 갈등 발발에 대한 두려움의 정도가 가장 낮은 쪽이 확전 우세를 차지하게 되는 것이다.

확전우세에 힘입어 러시아의 선전선동 노력은 예상을 뛰어넘는 성공을 거두었다. 비록 객관적 측정이 곤란함에도 불구하고 일종의 위험인식

(a sense of danger)을 고취시켜, 그렇지 않았더라면 우크라이나를 지원할 수도 있었을 서방측을 억제하는 효과를 거두었던 것으로 평가된다. 선전 효과를 노린 레토릭에는 러시아의 핵능력을 주기적으로 상기시키는 위협적 발언이 포함되어 있었다. 푸틴은 자국 군대를 우크라이나 국경지대로 이동시키면서 "러시아의 파트너들"에게 "러시아의 비위를 거스르지 않는 것이 최상임을 이해해야 함"을 경고하는 발언을 했다. 이에 덧붙여 "러시아가 핵 강대국 중 하나라는 사실"도 환기시켰다.

러시아의 핵 전략, 정치적 도구로 사용되다

'확산완화'와 '확전우세'의 궁극적인 목적은 미국과 그 동맹국이 군사적 완충지대, 영토, 주권과 같이 러시아가 핵심적 이익으로 간주하는 갈등이나 충돌에 개입하지 못하도록 억제하는 것이다. 하지만 의도한 효과를 거두기 위해서는 핵무기의 사용을 비롯해 러시아가 미국과 그 동맹국에 대해 시행할 수 있는 군사적 위협에 대한 신뢰를 확보할 필요가 있다. 군사적 위협에 대한 신뢰를 확보하기 위해 러시아는 2000년부터 '제한적 핵 타격 시뮬레이션을 포함'하여 대규모 군사연습을 실시했다. 2008년 러시아 부총참모장 노고비친(Anatoliy Nogovitsyn)은 폴란드가 미국의 미사일 방어체계를 배치하면 러시아의 핵공격 표적이 될 수도 있다고 선언하며, 핵무기를 군사적 시나리오에 포함시킬 것을 예고했다. 실제로 1년 후, 'Zapad-99' 명칭의 훈련에서 폴란드에 핵공격 시뮬레이션이 실시되었다.

이는 냉전 종식 이후의 핵무기가 갖던 역할과 위상을 변화시키는 것이었다. 냉전 종식 후, 핵무기는 군사적 용도의 '무기'가 아니라 국가적 위신의 상징, 예측불가한 미래에 대비한 보험, 안보관계에서 실용적 목적보다 상징적 역할을 강조하는 '정치적 도구'로서의 의미가 있었다. 그러나 걸프전과 코소보 분쟁, 유고 내전에서 미국이 보유한 재래식 군사력의 위력이 입증되면서 러시아는 '압도적이지만 사용할 수 없는' 무기인 핵무기와 달리 '압도적이면서도 사용할 수 있는' 무기인 미국의 재래식 무기에 대응하기 위한 수단으로 핵무기를 이용한 대응이 필요함을 인식하게 됐다.

맞춤형 피해를 목표로 하는 확산완화

1999년 제2차 체첸 침공을 앞두고 러시아는 자국의 군사력을 훨씬 능가하는 재래식 군사적 능력을 보유한 미국이 코소보 사태와 본질적으로 성격이 흡사한 체첸 분쟁에도 이른바 '인도주의적 개입'[30]이나 R2P[31]를 명분으로 러시아 국경 가까이에서 개입할 수 있음을 우려하기 시작했다. 이는 코소보 분쟁이 끝나기도 전에 러시아가 새로운 군사 독트린을 발표한 이유로 평가된다. 푸틴 대통령이 직접 서명한 '러시아의 군사 독트린(Russia's Military Doctrine)'에는 사상 최초로 '핵무기 사용권리

---

30. 인도주의적 개입(humanitarian intervention)이란 인권을 위해 각 국가의 주권을 제한할 수 있다는 개념이다. 즉, 인종청소, 집단학살, 민간인 학대 등을 예방하기 위해 한 국가의 내정에 타국이나 국제사회가 개입하는 것이다. 인도주의적 개입은 기존 국제사회의 세 가지 원칙(주권sovereignty, 불간섭non-intervention, 무력사용의 금지)에 대한 중대한 도전으로 여겨지고 있다. 인도주의 개입은 냉전 시대에는 존재하지 않았는데, 이는 인권보다 국가의 주권과 세계질서를 중시했기 때문이다. 소련의 붕괴와 함께 새로운 국제질서가 등장함에 따라 무력을 동원하여 인도적 개입에 대한 필요성이 본격적으로 논의되었다. 대표적으로 코피 아난이 1999년 9월 국제연합 총회에서 집단학살이나 집단 살해 위험에 처한 민간인들을 강제력을 동원해서라도 보호해야 한다는 규범이 형성되고 있다고 선언하였다. 실제 사례로는 보스니아 전쟁, 코소보 전쟁, 제1차 리비아 내전 등이 있다.

31. 보호책임(R2P: Responsibility to Protect)이란 국제연합, 회원국, 시민사회가 모두 준수해야 하는 책임을 말하며 아래의 세 가지 원칙으로 구성된다.
제1원칙: 집단학살, 전쟁범죄, 인종청소, 인류에 대한 범죄로부터 시민들을 보호하는데 있어서 국가의 일차적인 책임, 국제연합 사무총장은 이 원칙을 보호책임의 '근본'으로 간주한다. 이 원칙은 국가의 주권적 책임과 국가들이 이미 보유하고 있는 국제법적 의무로부터 나온다.
제2원칙: 국가들이 그들의 보호책임을 완수하도록 원조하고 고무할 국제공동체의 책임, 특히 국제공동체는 국가들이 집단학살과 잔혹행위의 근본 원인을 치유하고, 이러한 범죄를 예방할 수 있는 능력을 함양하며, 문제가 커지기 전에 이를 해결할 수 있도록 해야 한다.
제3원칙: 외교적, 인도주의적, 기타 평화적인 수단을 동원하여(특히 UN헌장 제6장과 제8장에 준거하여) 네 가지 범죄로부터 시민들을 보호하기 위해 적절하고도 단호한 결정을 내리고, 만약 평화적인 수단만으로는 부족하다는 것이 입증되고 당국 정부가 자국 시민들을 보호하지 못한다는 것이 명백한 경우 국제연합 헌장 제7장에 규정된 바에 따라 보다 강제적인 수단을 동원해야 하는 국제공동체의 책임이 보호책임이라는 안보리 결의안 1674호, 결의안 1894호를 통해 재확인되었고, 2011년 제1차 리비아 내전 개입의 토대가 되었다.

유보(reserves the right to use nuclear weapons)'라는 문구와 함께, '확산완화'의 개념이 처음으로 명기되었다.

　러시아가 제시한 '확산완화' 개념은 다시 안보전략에서 핵무기의 역할이 부각되고 있음을 의미했다. '확산완화'가 노리는 최종상태는 '맞춤형 피해(tailored damage)'이다. 이는 적대국으로 하여금 '현상 이전의 상태(the status quo ante)'로 되돌아가도록 강요하는 제한적 핵공격의 위협을 상정한다. 냉전 기간의 억제(deterrence)에는 적에게 수용불가한(unacceptable) 피해를 입힌다는 위협이 포함되었던 것과 달리, 러시아의 확산완화 전략은 '맞춤형 피해'를 주는 것으로 "군사력 사용의 결과로 공격자가 얻을 수 있는 이익을 초과하는 주관적으로 수용불가한 피해"로 정의된다. 그리고 맞춤형 피해의 위협이 갖는 유효성은 분쟁에 수반되는 비대칭적 이해관계를 상정한다.

러시아식 하이브리드전을 모방한 북한의 핵 도발

다음에서 보는 바와 같이 2022년 북한이 발표한 신 핵교리와 핵 무력 법은 러시아의 '확전우세'와 '확산완화' 개념에 영향을 받은 것이라고 평가할 수 있고 한국과 동맹국에 '맞춤형 피해'를 주는 것으로 해석할 수 있다. 이는 "군사력 사용의 결과로 공격자가 얻을 수 있는 이익을 초과하는, 주관적으로 수용불가한 피해"를 핵무기를 통해 얻으려는 것이라 할 수 있다. 즉 북한의 핵무기 개발은 하이브리드전의 수단인 셈이다.

캐나다 워털루대 국제정치학 교수인 알렉산더 라노즈카는 하이브리드전 공격에 이용될 수 있는 4가지 조건을 제시했다.[32] 즉, ① 공격자가 지역적 확전우세를 보유(글로벌 차원의 확전우세는 불필요하다), ② 공격자가 대상 국가의 정권에 영향력을 행사하고, 국경선 변경을 통한 현상(the status of quo)을 수정하려는 의사와 실행, ③ 대상국가 내부를 약화시킬 수 있는 인종적 또는 이념적 균열[33]의 존재, ④ 공격자와 모종의 관계를 맺고 있는 인종적 또는 이념적 집단의 존재 등이 그것이다.

---

32. 각주 2와 같음.

33. 알버트 허쉬만은 갈등의 종류를 크게 두 가지로 구분했다. 하나는 계급과 같이 '(정치로서)나눌 수 있는 갈등'이고, 다른 하나는 종교나 민족, 성소수자 같은 '(정치로서)나눌 수 없는 갈등'이다. 대상국가 내부를 약화시키는 갈등은 대부분 (정치로서) 나눌 수 없는 갈등에 해당한다.

이러한 조건을 북한에 적용시켜 보면, ① 6차례의 핵실험을 통한 "핵무기의 소형화, 경량화, 다종화, 정밀화"로 핵능력 고도화에 성공한 북한이 비현실적인 비핵화 목표에 집착하고 있는 한국을 상대로 '확전우세' 여건을 이미 확보한 것으로 판단할 가능성, ② 정전협정, 남·북 불가침선언, NLL 등에 대한 부정 및 형해화를 통한 현상변경 지향 의도, ③ 한국 사회 내부에 남남갈등 요인 상존, ④ 한국에서 암약하고 있는 종북주사파 및 친북적 성향을 갖는 정치, 사회 집단의 존재는 하이브리드전 공격에 이용될 수 있는 모든 조건을 충족한다. 이는 북한이 한국을 상대로 하이브리드전을 감행할 가능성이 충분해 보인다.

이러한 상황은 그간 관성적으로 단기, 전면전을 염두에 두었던 사고에서 벗어난 안보정책 수립 단계에서 전면적인 인식 전환이 필요함을 보여준다.[34] 무엇보다 북한의 하이브리드전 도발 가능성에 대한 확신을 갖고 대비하는 것이 필요하다. 2020년 개정된 노동당 당규약 서문에는 "미제의 침략무력을 철거시키고 남조선에 대한 미국의 정치군사적 지배를 종국적으로 청산"하겠다는 내용이 명시돼 있다. 또한 국가안보전략연구원은 노동당 규약의 대남혁명전략은 김일성·김정일의 '통일 유훈'을 계승한 김정은 정권의 존립 기반으로 작용하고 있으며, 노동당 규약에서 대남혁명

---

34. 각주 2와 같음.

전략의 포기 또는 삭제는 남북·북미 관계의 획기적 진전과 통일이 눈앞에 다가오기 전까지는 어렵다고 판단하고 있다.[35]

국군은 관성적인 단기, 전면전 대비에서 벗어나야 한다

여기서 주목해야 할 것은 첫째 대남혁명전략이 미시적·단기적 행동노선을 의미하는 전술이 아니라 혁명이 완성될 때까지 거시적·장기적으로 지속되는 전략이라는 점이다. 이는 "적국의 영토 전체에 걸친 항구적 전선 구축"을 강조한 '게라시모프 독트린', 나아가 "자신의 의지에 복종하도록 강요"하는 것이 아니라 "자신의 이익을 적이 받아들이도록 강제"하기 위한 군사력 운용을 강조한 1999년 인민해방군 Liang과 Wang Xiangsui가 제시하고 발전시킨 중국의 '초한전(超限戰, unrestricted warfare)' 개념과도 일맥상통한다. 이제 군사안보전략이 한국전쟁과 같은 정규전 성격을 갖는 단기간의 전면전을 염두에 둔 기존의 사고에서 탈피해야 한다는 것이다.

---

35. 김일기 외, 『북한의 「개정 당규약」과 대남혁명전략변화 전망』, 안보전략연구원, 2021.

국군은 핵무기의 효과에 주목해야 한다

둘째, 핵무기의 중요성이다. 2014년 우크라이나 동부 병합 과정은 '맞춤형 피해(tailored damage)'로 상징되는 구체적인 핵무기 실전사용 시나리오를 전제한 '확산완화'에 대한 러시아의 능력과 의도를 바탕으로 '확전우세'의 효과가 확립되는 순간부터, 크림반도 같은 지역에 사활적 국익이 걸려있지 않은 미국을 비롯한 서방국들이 개입하지 못하도록 강력한 억제력이 발휘되었음을 보여준다.

그리고 북한의 핵, 미사일 개발이 '맞춤형 피해(tailored damage)'를 통해 '확산완화'와 '확전우세'를 획득하는 데 목표가 있다는 것은 2022년 김정은이 조선인민혁명군 창건 90돌 경축열병식에서 공표한 새로운 핵교리와 2022년 제정된 법령인 《조선민주주의인민공화국 핵무력정책에 대하여》를 통해 잘 드러난다.

김정은은 '조선인민혁명군 창건 90돌 경축 열병식' 연설에서 ① "우리 핵무력의 기본사명은 전쟁을 억제함에 있지만, 이 땅에서 우리가 결코 바라지 않는 상황이 조성되는 경우에까지 우리의 핵이 전쟁방지라는 하나의 사명에만 속박되어 있을 수는 없다", ② "어떤 세력이든 우리 국가의 근본리익을 침탈하려 든다면 우리 핵무력은 의외의 자기의 둘째가는 사명을 결단코 결행하지 않을 수 없다"(조선어)고 말했다. 이는 2022년 4월 4일 이른바 조선로동당 중앙위원회 부부장 김여정이 발표한 담화와도 일맥상통하는 것이며 이를 김정은이 핵교리로 확정한 것이다.

김정은이 열병식 연설에서 내외에 천명한 새로운 핵교리에서 〈적대세력이 조선의 근본리익을 침탈하려 든다면 조선의 핵무기를 사용할 수 있다〉고 표현했다. 이는 국가가 아닌 비국가 주체를 포함하는 것으로 적대행위의 주체를 확대한 것이다. '조선의 근본리익'은 북한에 대한 군사적 공격보다 훨씬 확대된 의미다. '침탈하려 든다면'은 '조선의 근본리익'에 대한 적대행위 주체의 행동에 대해 해석의 여지가 있음을 의미한다.

이에 더해 《조선민주주의인민공화국 핵무력정책에 대하여》는 6. 핵무기의 사용조건에서 〈5) 기타 국가의 존립과 인민의 생명안전에 파국적인 위기를 초래하는 사태가 발생하여 핵무기로 대응할 수밖에 없는 불가피한 상황이 조성되는 경우〉를 명시하고 있다. 이는 내전, 반란, 넓은 규모의 지역이나 전국 규모의 폭동 등 국내적 상황변화에 대해서도 핵무기를 사용하겠다는 것으로 해석된다.

"남조선이 우리와 군사적 대결을 선택하는 상황이 온다면 부득이 우리의 핵전투무력은 자기의 임무를 수행해야 하게 될 것이다. 핵무력의 사명은 우선 그런 전쟁에 말려들지 않자는 것이 기본이지만 일단 전쟁상황에서라면 그 사명은 타방의 군사력을 일거에 제거하는 것으로 바뀐다. 전쟁 초기에 주도권을 장악하고 타방의 전쟁의지를 소각하며 장기전을 막고 자기의 군사력을 보존하기 위해서 핵전투무력이 동원되게 된다. 이런 상황에까지 간다면 무서운 공격이 가해질 것이며 남조선군은 괴멸, 전멸에 가까운 참담한 운명을 감수해야 할 것이다. 이것은 결코 위협이 아니다. 남조선이 군사적 망동질을 하는 경우 우리의 대응과 그 후과에 대한 상세한 설명인 동시에 또한 남조선이 핵보유국을 상대로 군사적 망상을 삼가해야 하는 리유를 설명하는 것이다."

– 2022년 4월 4일 이른바 조선로동당 중앙위원회 부부장 김여정 담화

〈김정은 총비서 조선인민혁명군 창건 90돌 경축 열병식 연설〉

(평양 4월 26일발 조선중앙통신) 경애하는 김정은 동지께서는 25일 조선인민혁명군 창건 90돌 경축 열병식에서 연설을 하시었다.

그 전문은 다음과 같다.

영용한 우리 조선민주주의인민공화국무력의 전체 장병들!

열병부대 지휘관, 병사들!

경축의 광장에 초대된 전쟁로병 동지들과 모범적인 군인, 공로자 동지들!

존경하는 평양시민 여러분!

친애하는 동지들!

오늘 우리는 위대한 우리 당과 국가, 인민에게 있어서 참으로 의의깊고 영광스러운 기념일을 경축하는 성대한 열병식을 거행하게 됩니다.

장구한 건군사의 영광이 끝없이 빛나는 이 시각 우리 모두는 당과 혁명, 조국과 인민을 굳건히 수호하고 평화와 안정을 믿음직하게 담보하고 있는 자기 무장력에 대한 크나큰 자부에 넘쳐 이 자리에 섰습니다.

온 나라 인민들은 승리의 군기들을 앞세우고 여기 김일성광장에 정렬한 미더운 정예부대들의 모습과 그를 통한 공화국무력의 현대성의 높이를 보면서 90년 전 조선의 진정한 첫 무장력의 탄생이 우리 혁명사와 민족사에 있어서 그리고 우리 국가와 인민의 장래발전에 있어서 얼마나 심원하고 위대한 의의를 가지는가를 다시금 새겨보게 될 것입니다.

조선인민혁명군의 창건은 민족해방, 자력독립의 기치 높이 반제결사항전을 선포한 거족적 장거인 동시에 강력한 혁명무장력에 의거하는 주체혁명의 새시대를 열어놓은 력사적 사변이였습니다.

이 사변의 중대한 의미는 력사의 풍운 속에 비참한 운명을 강요당하였던 인민이 자기의 민족군대와 중흥의 희망을 가지게 되였다는데만 있는 것이 아니라 우리 민족의 존엄과 자주권을 건드리는 자들과는 끝까지 무력으로 결산하려는 견결한 반제혁명사상, 주체적 힘으로 기어이 인민의 자유해방과 혁명의 승리를 이룩하려는 조선혁명가들의 굴함 없는 의지를 내외에 선언하였다는데 있습니다.

력사는 우리 인민의 운명과 미래를 개척하기 위해 조선혁명가들이 선택한 이 결단과 의지가 천백번 옳은 것이였음을 명백히 실증해주었습니다.

우리 인민의 우수한 아들딸들이 백두밀림에서 추켜든 혁명의 무장은 분출하는 조선민족의 독립정신이였고 희망이였고 위대한 단결의 기치였으며 눈물로 얼룩졌던 조선사람의 주먹에 자존의 기상과 억센 힘을 재워준 원동력이였습니다.

바로 이 무장대오에서 조선혁명의 원대한 구상이 무르익고 제국주의폭제를 이길 불요불굴의 정신과 강철의 힘이 벼려졌으며 우리 혁명발전에서 근본적이고 항구적인 의의를 가지는 위대한 전통이 마련되었습니다.

우리의 혁명무력이 창건 초기부터 간직하고 계승해온 그 사상과 신념, 전통은 류례없이 치렬한 반제대결전과 준엄한 계급투쟁의 전초선에서, 변천되는 력사적 환경 속에서 자기 본연의 혁명적, 계급적 성격과 사명을 명심하고 당과 혁명을 보위하며 령토와 인민을 사수함에 불멸의 영웅성과 희생성을 발휘하게 한 정신력의 바탕으로, 백전백승의 담보로 되었습니다. 우리 당과 인민은 만고의 혈전혈투로 조국해방, 민족재생의 대업을 이룩하였고 무비의 영웅정신으로 미제를 괴수로 하는 제국주의 련합세력의 무력침공을 물리치고 조국의 자주권과 존엄과 안녕을 영예롭게 수호하였으며 고결한 희생정신으로 사회주의혁명과 건설의 전 력사적 기간 자기 집권당과 정권, 자기 령토와 인민을 사수하며 백승의 무훈을 기록해온 그렇듯 영용하고 강인하며 충직한 군대를 가지고 있는 것을 무상의 영예로, 자랑으로 여기고 있습니다.

이 땅의 귀중한 모든 전취물, 모든 것의 첫 자리에는 우리 혁명군대의 공헌이 깃들어있음을 우리는 잊지 말아야 합니다.

우리의 혁명군대는 국가방위의 주체로서만이 아니라 국가발전의 힘있는 력량으로서 언제나 당의 구상을 받들고 원대한 리상을 실현하는 거창한 혁명사업들에 헌신적으로 분투함으로써 사회주의 건설의 새 력사를 창조하고 위대한 우리 국가의 존엄과 영예를 높이 떨치는데서 그 누구도 대신할 수 없는 큰 공을 세웠습니다. 자기 당과 정권, 인민에 대한 충실성을 제일생명으로, 최고의 영예로 간주하고 조선혁명의 혈통, 조선로동당의 사상과 위업을 결사보위하였으며 우리 국가의 존립과 발전, 인민의 행복을 믿음직하게 담보한 혁명적 무장력의 90성상의 불멸의 공적으로 하여 한 세기에 이르는 조선혁명의 력사가 승리와 영광으로 빛나는 것입니다.

우리 모두는 간고하였던 혁명의 년대기마다 위대한 무장력이 항상 앞장에서 진군로를 열어왔으며 영광스럽고 보람넘친 공화국의 승리사가 혁명군대의 고결한 피와 땀과 값비싼 희생의 대가로 이루어졌다는 것을 영원히 잊지 않을 것입니다.

이제 이 승리의 열병식장으로 도도히 행진해갈 공화국무력의 정예부대 장병들과 지금 이 시각도 조국의 하늘과 땅, 바다초소에서 그리고 사회주의 건설의 대전역들에서 위훈을 세우고 있는 우리 군인들 모두가 바로 우리 무력의 영광스러운 력사의 당당하고 긍지 높은 계승자, 체현자들입니다.

나는 뜻깊은 이 자리에서 우리 당과 정부를 대표하여 조국의 자주독립과 인민의 해방을 위하여, 혁명무력의 강화발전과 사회주의 위업의 승리적 전진을 위하여 고귀한 생명을 바쳐 싸운 항일혁명 선렬들과 인민군 렬사들에게 숭고한 경의를 표하며 혁명 선렬들의 대를 이어 위대한 계승의 려정을 걷고있는 조선인민군과 공화국무력의 전체 장병들에게 열렬한 축하를 드립니다.

더불어 사랑하는 남편과 아들딸들을 국가방위의 전초선에 내세운 이 나라 모든 가정들에 충심으로 되는 감사의 인사를 올리고저 합니다.

동지들!

조국의 부강과 번영을 무장으로 담보하여온 혁명무력의 영광 넘친 90성상의 행로는 백년, 천년으로 계속 이어져야 합니다.

우리는 이제 마주한 시대에서 강군의 영광을 계속 떨치며 지나온 90년사와는 대비할 수 없는 빠른 속도로 더 강하게 변해가야 합니다.

힘과 힘이 치렬하게 격돌하는 현 세계에서 국가의 존엄과 국권 그리고 믿을 수 있는 진정한 평화는 그 어떤 적도 압승하는 강력한 자위력에 의하여 담보됩니다.

우리는 계속 강해져야 합니다.

자기 스스로를 지키기 위한 힘을 키워나가는데서 만족과 그 끝이란 있을 수 없으며 그 누구와 맞서든 우리 군사적 강세는 보다 확실한 것으로 되어야 합니다.

혁명이 이를 요구하며 후손만대의 장래가 이에 달려있습니다.

우리 혁명무력 건설의 총로선은 인민군대를 백전백승하는 군대로 만드는 것입니다.

백전백승하는 군대, 이것이 우리 인민군대의 영원한 이름, 혁명적 무장력만이 지닌 고귀한 명예로 빛나야 합니다.

인민군대는 우리 당의 군건설 방향과 총로선을 견결히 틀어쥐고 혁명무력발전의 새 단계를 힘차게 열어나가야 하겠습니다.

그러자면 정치사상강군화, 군사기술강군화를 핵심목표로 정하고 우리 무력을 조선로동당의 령도에 절대충성하고 자기 혁명위업에 무한히 충직한 사상과 신념의 강군으로 더욱 강화하며 그 어떤 전쟁과 위기에도 주저없이 대응할 용기와 능력, 자신감에 넘치는 최정예강군으로 발전시키는데 더욱 박차를 가해야 합니다.

정치사상강군화는 우리 군건설의 기본이며 전략적인 제1대 과업입니다.

우리 혁명군대를 당과 인민의 군대, 계급의 군대로서의 사명을 끝까지 수행할수 있게 하며 어떤 형태의 전쟁과 위기에도 능동적으로 대처할 수 있게 준비시키는데서 기본은 군대의 정치사상적 준비이며 무장력의 주체인 군인대중의 사상정신적 준비입니다.

우리가 이제 앞으로 더욱 배양시켜야 할 군대의 투철한 혁명정신, 계급의식은 우리 군대의 전투력, 국가방위력을 갖추는데서 결정적인 역할을 하게 됩니다.

혁명의 세대는 계속 바뀌고 날로 더욱 포악해지는 제국주의와 장기적으로 맞서야 하는 우리 혁명의 특수성은 백두에서 뿌리내린 위대한 혁명사상과 정신의 바통을 굳세게 계승해 나가는 것을 군건설, 반제투쟁의 초미의 전략적과업으로 제기하고 있으며 우리는 이를 군건설의 기본핵으로 틀어쥐고 나가야 우리 혁명무력의 질적인 우세를 확고히 유지 강화해 나갈 수 있습니다.

인민군대 안의 모든 당조직들과 정치기관들은 사상혁명에 계속 불을 걸고 군인대중의 혁명사상배양, 정신력배양에 총력을 집중하여야 합니다.

사상과 신념의 강군육성을 최우선순위에 놓고 모든 장병들을 오직 당중앙의 혁명사상과 의지대로만 싸우며 투철한 계급의식과 불굴의 전투정신을 체질화하고 당중앙이 정한 과녁의 중심에서 단 한치의 편차도, 단 한번의 불발도 모르는 사상적 근위병으로 준비시켜야 합니다.

또한 인민군대의 전투력을 비상히 상승시키기 위한 군사기술강군화를 강력히 추진해나가야 합니다.

세계군사력의 발전추세와 현시기 급속하게 변화되는 전쟁양상은 우리 군대를 군사기술적으로 더 빠르게 현대화할 것을 요구하고 있습니다.

군현대화의 구호를 높이 들고 인민군대를 고도의 군사기술력을 갖춘 강군으로 강화 발전시키는데 전력을 다하여야 합니다.

군사인재 육성체계의 현대화를 추동하여 각급 군종, 병종부대들을 능숙히 지휘통솔할 수 있는 유능한 지휘관들을 더 많이 키우고 작전전투훈련의 현대화수준을 높여 전군의 모든 부대, 구분대들을 그 어떤 전투임무도 원만히 수행할 수 있게 준비시켜야 합니다.

국방과학부문과 군수공업부문에서 새세대 첨단무장장비들을 계속 개발, 실전배비하여 인민군대의 군사적 위력을 부단히 향상시켜 나가야 합니다.

특히 국력의 상징이자 우리 군사력의 기본을 이루는 핵무력을 질량적으로 강화하여 임의의 전쟁상황에서 각이한 작전의 목적과 임무에 따라 각이한 수단으로 핵전투능력을 발휘할 수 있게 하여야 합니다.

지금 조성된 정세는 공화국무력의 현대성과 군사기술적 강세를 항구적으로 확고히 담보하기 위한 보다 적극적인 조치들을 강구할 것을 재촉하고 있습니다.

우리는 격변하는 정치군사정세와 앞으로의 온갖 위기에 대비하여 우리가 억척같이 걸어온 자위적이며 현대적인 무력건설의 길로 더 빨리, 더 줄기차게 나갈 것이며 특히 우리 국가가 보유한 핵무력을 최대의 급속한 속도로 더욱 강화발전시키기 위한 조치들을 계속 취해 나갈 것입니다.

우리 핵무력의 기본사명은 전쟁을 억제함에 있지만 이 땅에서 우리가 결코 바라지 않는 상황이 조성되는 경우에까지 우리의 핵이 전쟁방지라는 하나의 사명에만 속박되어 있을 수는 없습니다.

어떤 세력이든 우리 국가의 근본리익을 침탈하려 든다면 우리 핵무력은 의외의 자기의 둘째가는 사명을 결단코 결행하지 않을수 없을 것입니다.

공화국의 핵무력은 언제든지 자기의 책임적인 사명과 특유의 억제력을 가동할 수 있게 철저히 준비되어 있어야 합니다.

민주국가의 보이지 않는 전장

동지들, 인민군 장병들!

지금 우리 무력은 그 어떤 싸움에도 자신있게 준비되어 있습니다.

어떤 세력이든 조선민주주의인민공화국과의 군사적 대결을 기도한다면 그들은 소멸될 것입니다.

영웅적 조선인민군을 핵심으로 하는 조선민주주의인민공화국의 전체 무력은 언제나 자기 위업에 대한 신심을 굳게 하고 자신심에 넘쳐 온갖 도전들을 맞받아 용감히 나가야 하며 인민의 안녕과 존엄, 행복을 지키는 성스러운 자기의 사명에 충실하고 무적의 군사적 강세를 틀어쥐고 우리의 사회주의발전을 튼튼히 담보해야 합니다.

공화국무력의 전체 장병들!

당신들의 심장마다에 혁명 선렬들의 진한 피와 고귀한 넋이 힘차게 높뛰고 혁명무력이 조선로동당의 사상과 의지, 우리 국가와 인민의 힘의 체현자로 항상 혁명의 전위에 서있는 한 우리식 사회주의 위업은 앞으로도 영원히 필승불패할 것입니다.

조선인민군과 전체 공화국무력의 지휘관, 병사들!

위대한 우리 인민의 안녕과 행복을 위하여,

위대한 우리 국가의 무궁한 영광과 승리를 위하여 힘차게 싸워 나아갑시다.

위대한 우리의 혁명적무장력 만세!

위대한 우리 조국 조선민주주의인민공화국 만세!

— 주체111(2022)년 4월 25일 이른바 김정은 총비서 조선인민혁명군 창건 90돌 경축 열병식 연설

〈조선민주주의인민공화국 핵무력정책에 대하여〉

조선민주주의인민공화국은 책임적인 핵무기보유국으로서 핵전쟁을 비롯한 온갖 형태의 전쟁을 반대하며 국제적 정의가 실현된 평화로운 세계건설을 지향한다.

조선민주주의인민공화국의 핵무력은 국가의 주권과 령토완정, 근본리익을 수호하고 조선반도와 동북아시아 지역에서 전쟁을 방지하며 세계의 전략적 안정을 보장하는 위력한 수단이다.

조선민주주의인민공화국의 핵태세는 현존하고 진화되는 미래의 모든 핵위협들에 능동적으로 대처할 수 있는 믿음직하고 효과적이며 성숙된 핵억제력과 방위적이며 책임적인 핵무력정책, 신축성 있고 목적지향성 있는 핵무기사용전략에 의하여 담보된다.

조선민주주의인민공화국이 자기의 핵무력 정책을 공개하고 핵무기사용을 법적으로 규제하는 것은 핵무기 보유국들 사이의 오판과 핵무기의 람용을 막음으로써 핵전쟁 위험을 최대한 줄이는데 목적을 두고 있다.

조선민주주의인민공화국 최고인민회의는 국가방위력의 중추인 핵무력이 자기의 중대한 사명을 책임적으로 수행하도록 하기 위하여 다음과 같이 결정한다.

1. 핵무력의 사명

조선민주주의인민공화국 핵무력은 외부의 군사적 위협과 침략, 공격으로부터 국가주권과 령토완정, 인민의 생명안전을 수호하는 국가방위의 기본력량이다.

1) 조선민주주의인민공화국 핵무력은 적대세력으로 하여금 조선민주주의인민공화국과의 군사적 대결이 파멸을 초래한다는 것을 명백히 인식하고 침략과 공격기도를 포기하게 함으로써 전쟁을 억제하는 것을 기본사명으로 한다.

2) 조선민주주의인민공화국 핵무력은 전쟁억제가 실패하는 경우 적대세력의 침략과 공격을 격퇴하고 전쟁의 결정적 승리를 달성하기 위한 작전적 사명을 수행한다.

2. 핵무력의 구성

조선민주주의인민공화국 핵무력은 각종 핵탄과 운반수단, 지휘 및 조종체계, 그의 운용과 갱신을 위한 모든 인원과 장비, 시설로 구성된다.

3. 핵무력에 대한 지휘통제

1) 조선민주주의인민공화국 핵무력은 조선민주주의인민공화국 국무위원장의 유일적 지휘에 복종한다.

2) 조선민주주의인민공화국 국무위원장은 핵무기와 관련한 모든 결정권을 가진다. 조선민주주의인민공화국 국무위원장이 임명하는 성원들로 구성된 국가핵무력지휘기구는 핵무기와 관련한 결정으로부터 집행에 이르는 전 과정에서 조선민주주의인민공화국 국무위원장을 보좌한다.

3) 국가핵무력에 대한 지휘통제체계가 적대세력의 공격으로 위험에 처하는 경우 사전에 결정된 작전방안에 따라 도발원점과 지휘부를 비롯한 적대세력을 괴멸시키기 위한 핵타격이 자동적으로 즉시에 단행된다.

4. 핵무기사용결정의 집행

조선민주주의인민공화국 핵무력은 핵무기사용명령을 즉시 집행한다.

5. 핵무기의 사용원칙

1) 조선민주주의인민공화국은 국가와 인민의 안전을 엄중히 위협하는 외부의 침략과 공격에 대처하여 최후의 수단으로 핵무기를 사용하는 것

을 기본원칙으로 한다.

2) 조선민주주의인민공화국은 비핵국가들이 다른 핵무기보유국과 야합하여 조선민주주의인민공화국을 반대하는 침략이나 공격행위에 가담하지 않는 한 이 나라들을 상대로 핵무기로 위협하거나 핵무기를 사용하지 않는다.

6. 핵무기의 사용조건

조선민주주의인민공화국은 다음의 경우 핵무기를 사용할 수 있다.

1) 조선민주주의인민공화국에 대한 핵무기 또는 기타 대량살륙무기공격이 감행되었거나 림박하였다고 판단되는 경우

2) 국가지도부와 국가핵무력지휘기구에 대한 적대세력의 핵 및 비핵공격이 감행되었거나 림박하였다고 판단되는 경우

3) 국가의 중요전략적 대상들에 대한 치명적인 군사적 공격이 감행되었거나 림박하였다고 판단되는 경우

4) 유사시 전쟁의 확대와 장기화를 막고 전쟁의 주도권을 장악하기 위한 작전상 필요가 불가피하게 제기되는 경우

5) 기타 국가의 존립과 인민의 생명안전에 파국적인 위기를 초래하는 사태가 발생하여 핵무기로 대응할 수밖에 없는 불가피한 상황이 조성되는 경우

7. 핵무력의 경상적인 동원태세

민주주의인민공화국 핵무력은 핵무기사용명령이 하달되면 임의의 조건과 환경에서도 즉시에 집행할 수 있게 경상적인 동원태세를 유지한다.

8. 핵무기의 안전한 유지관리 및 보호

1) 조선민주주의인민공화국은 핵무기의 보관관리, 수명과 성능평가, 갱신 및 페기의 모든 공정들이 행정기술적 규정과 법적 절차대로 진행되도록 철저하고 안전한 핵무기보관관리제도를 수립하고 그 리행을 담보한다.

2) 조선민주주의인민공화국은 핵무기와 관련기술, 설비, 핵물질 등이 루출되지 않도록 철저한 보호대책을 세운다.

9. 핵무력의 질량적강화와 갱신

1) 조선민주주의인민공화국은 외부의 핵위협과 국제적인 핵무력태세변화를 항시적으로 평가하고 그에 상응하게 핵무력을 질량적으로 갱신, 강화한다.

2) 조선민주주의인민공화국은 핵무력이 자기의 사명을 믿음직하게 수행할 수 있도록 각이한 정황에 따르는 핵무기사용전략을 정기적으로 갱신한다.

10. 전파방지

조선민주주의인민공화국은 책임적인 핵무기보유국으로서 핵무기를 다른 나라의 령토에 배비하거나 공유하지 않으며 핵무기와 관련기술, 설비, 무기급 핵물질을 이전하지 않는다.

11. 기타

1) 2013년 4월 1일에 채택된 조선민주주의인민공화국 최고인민회의 법령 《자위적핵보유국의 지위를 더욱 공고히 할데 대하여》의 효력을 없앤다.

2) 해당 기관들은 법령을 집행하기 위한 실무적 대책을 철저히 세울 것이다.

3) 이 법령의 임의의 조항도 조선민주주의인민공화국의 정당한 자위권 행사를 구속하거나 제한하는 것으로 해석되지 않는다.

– 조선민주주의인민공화국 최고인민회의 –

주체111(2022)년 9월 8일

평 양

이러한 북한의 핵교리는 러시아가 2014년 우크라이나 동부 병합 과정에서 보인 '메시지 운용 차원에서 핵전력 운용의 모호성 활용'을 연상시킨다. 이제 북한은 그간 '미국의 적대행위에 대한 자위적 수단'으로 핵무기 보유를 정당화해 나가던 데서 나아가 러시아의 '확산완화(deescalation)'와 '확전우세(escalation dominance)' 정책을 채택한 것으로 판단된다. 고도화되고 있는 북한의 핵, 미사일 능력은 하이브리드전의 중요한 수단으로 사용되고 있을 가능성이 높은 만큼 이에 대한 현실적인 대책이 필요하다.

2023년 3월 19일 오전 평안북도 철산군에서 전술탄도미사일을 발사해 800㎞ 사거리에 설정한 동해 목표 상공 800m에서 공중폭발시켜 핵탄두부의 핵폭발 조종장치와 기폭장치의 동작을 검증했다는 발표는 러시아가 군사적 위협에 대한 신뢰를 확보하기 위해 2000년부터 '제한적 핵타격 시뮬레이션을 포함하여' 대규모 군사연습을 실시했던 것을 연상시킨다. 국내 군사 전문가들에 따르면 이날 북한이 발사한 기종은 SRBM인 KN-23(북한판 이스칸데르)로 추정되며 미국 정보당국은 핵탄두 탑재가 가능한 것으로 평가하고 있는 것으로 알려져 있다.

워싱턴 선언: 북한의 핵교리와 관련한 외교적 군사적 대응

한편, 윤석열 대통령의 미국 국빈 방문을 계기로 2023년 4월 23일 한미는 북한 핵·미사일 위협에 맞선 한-미 확장억제 강화 방안이 담긴 '워싱턴 선언'을 채택했다. '워싱턴 선언'은 확장억제의 정보공유·공동기획·공동실행을 포괄하는 '한-미 핵협의그룹'(Nuclear Consultative Group·NCG) 설립을 약속한 것을 시작으로 2024년에는 한미정상이 '한미 한반도 핵작전 지침'을 승인하면서 점차 구체화되고 있다. 워싱턴 선언에는 한국이 핵확산금지조약(NPT) 상 의무를 재확인한다는 내용도 포함됐다. 이러한 한미 양국의 활동은 북한 핵 위협이 '확전우세'의 수단으로 활용되는 것을 억제하는 제도적 장치가 될 것으로 전망된다.

국가적 차원에서 취약점을 최소화해야 한다

셋째, 대상국가의 허점을 역이용하여 효과를 극대화할 수 있는 강력한 국가적 능력이다. 2014년 우크라이나 사태에서 러시아는 강력하고 집중적이며 잘 조율된 다양한 하이브리드전 수법들을 시차적·동시적으로 구사하여 크림반도를 무혈점령했다. 역설적으로 하이브리드전의 대전제는 러시아가 전장에서 군사적으로 NATO를 비롯한 서방세계를 패배시킬 수 없다는 자각에서 출발한 셈이다. 게라시모프가 구상하는 하이브리드전은 '게릴라 지정학(guerilla geopolitics)'의 유용한 도구로서, 직접적인 갈등·충돌을 회피하면서 미국과 서방세계의 인지된 취약점을 최대한 이용한다는 점을 핵심으로 평가된다.

이는 상대방의 약화, 분열, 무력화를 노리는 노골적 또는 은밀한 노력으로 상징되는 '뜨거운 평화(hot peace)'와 유사하며, 당혹스런 정보의 전략적 유출, 전통적 의미에서 개전사유(casus belli)에는 이르지 않는 수준의 군사도발, 사이버 공격, 경제적 압력, 정치적 극단주의 운동에 대한 자금 지원 등 생각할 수 있는 모든 수단·방법을 동원하되 '전쟁에는 이르지 않는(short of war)' 한도에 그침을 의미한다.

이처럼 하이브리드전은 군대의 과제가 아니라 오로지 사회 전체만이 스스로를 보호할 수 있음을 의미한다. 하이브리드전은 그 자체로 새로운 위협이 아니지만 새롭고 다중적(multi-modal) 위협에 대해서는 범정부, 범국가적 차원에서의 '총체적(holistic)' 접근방법이 요구된다. 하이브리드 위협과 그 대응은 다양한 강도로 지속되는 '항구적 전쟁상태(a permanent state of war)'로 변질될 가능성을 내포한다. 즉 하이브리드전 개념의 부상은 전쟁과 평화의 구분이 흐릿해지고, 정전 상태가 단기속결전만으로 쉽사리 끝나지 않을 항구적 전쟁상태와 초한전(unrestricted warfare)의 상태로 전환하고 있음을 의미하는 것이라고 볼 수 있기 때문이다.

따라서 우리는 북한을 비롯해 하이브리드전 전술을 활용하고 있는 국가들에 대해 다양한 하이브리드 전술을 공세적으로 활용할 수 있는 국가적 능력을 확보해 나가야 할 것이다. 전쟁에는 이르지 않는 수단에 대해서는 전쟁에 이르지 않는 수단으로 대응할 수밖에 없기 때문이다.

싸우기도 전에 제압될 수 있는 하이브리드전

2021년 나토는 하이브리드 전쟁을 "재래식 및 비재래식 권력 도구와 전복 도구의 상호 작용 또는 융합을 수반하며 이러한 도구를 활용해 취약성을 활용하고 시너지 효과를 얻는 행위"로 정의했다.[36] 이처럼 동적인 (kinetic) 수단, 즉 적극적인 군사활동 즉 전통적인 의미의 군사활동 수단과 비동적인(non-kinetic) 전술, 즉 적극적인 군사활동 즉 전통적인 의미의 작전 이외의 전술을 결합하는 목적은 교전 상태에 맞는 최적의 방식으로 적에게 피해를 입히는 데 있다. NATO는 또한 하이브리드 전쟁의 특징으로 두 가지를 꼽고 있다. 하나는 전쟁과 평시 사이의 경계가 모호하다는 점이다. 이는 전쟁 문턱을 식별하거나 식별하기 어렵다는 것을 의미한다. 이로 인해 상대방은 전쟁 상태를 인식하고 대응책을 운영하기가 어려워진다.

전쟁으로 볼 수 있는 임계점 이하에 머무는 기싸움이나 직접적으로 명백하지만 역시 임계점 이하에 머무는 폭력활동은 전통적인 군사 작전보다 쉽고 저렴하며 덜 위험함에도 불구하고 이를 통해 충분히 의도를 관철할 수 있다. 예를 들어 탱크를 다른 나라 영토로 몰아넣거나 전투기를 출격

---

36. Arsalan Bilal, "Hybrid Warfare – New Threats, Complexity, and 'Trust' as the Antidote", NATO Review, 30 November 2021.

시켜 영공으로 진입시키는 것보다 비국가 행위자들과 협력하여 허위 정보를 후원하고 부채질하는 것은 훨씬 더 실현 가능성이 높다. 비용과 위험은 현저히 적지만 상대방이 입는 피해는 현실적이다. 여기서 중요한 질문은 '직접적인 전투나 물리적 대결 없이 전쟁이 있을 수 있는가' 하는 것이다. 국가 간 갈등에 스며드는 하이브리드 전쟁을 통해 직접적인 전투와 물리적 대결 없는 전쟁이 가능함을 잘 보여주고 있다. 이는 전쟁 철학과도 밀접하게 연결되어 있다. 최고의 전쟁 기술은 고대 군사 전략가인 손자가 제안한 것처럼 '싸우지 않고 적을 제압하는 것'(不戰而屈人之兵, 善之善者也)이기 때문이다.

하이브리드전의 공격자는 의도적으로 모호성을 만들어낸다

하이브리드 전쟁의 두 번째 특성은 모호성의 속성과 관련이 있다. 하이브리드 공격은 일반적으로 주체와 피해 측면에서 모호성이 크다. 이러한 모호성은 적의 대응뿐 아니라 하이브리드 공격의 속성을 복잡하게 만들기 위해 하이브리드 공격의 행위자에 의해 의도적으로 생성되고 확대된다. 즉, 하이브리드 공격을 받는 대상 국가는 하이브리드 공격을 탐지할 수 없거나 하이브리드 공격을 감행하거나 후원하는 국가의 소행으로 간주하는 것이 매우 어렵다. 하이브리드 행위자는 탐지 및 속성의 임계값을 활용하여 대상 국가가 대처 방법과 전략적 대응을 개발하기 어렵게 만든다.

전문가들은 이러한 하이브리드 전쟁의 복잡한 특성과 역학을 고려하여 대처 방법과 전략적 대응을 제안해 왔다. 이러한 대처 방법과 전략적 대응의 일부는 세심한 방식으로 하이브리드 위협을 감지, 억제, 대응 및 대응하기 위한 조치를 중심으로 진행된다. 그럼에도 불구하고 정보, 인지 및 사회적 영역이 대상이 되는 하이브리드 전쟁의 속성상 사회적 신뢰와 사회적 신뢰의 구축이 없는 대응은 효과적인 대처 방안이 되지 못할 가능성이 높다.

앞서 말한 것처럼 하이브리드 전쟁은 대체로 전통적인 전쟁의 임계점 아래에서 일어난다는 것이 가장 큰 특징이다. 그리고 전통적인 전쟁의 임계점 아래에서 중심 무대를 차지하는 것은 민간인의 역할, 즉 그들이 국가와 관련하여 생각하고 행동하는 방식에 영향을 미치는 것이다. 현대의 디지털 및 소셜 미디어 플랫폼을 통해 하이브리드 행위자는 상당히 쉽게 적국에 해를 끼칠 수 있다. 러시아가 사이버 공간을 이용해 수행했던 조지아, 벨라루스 등 일부 서구 국가에 대한 허위 정보 유포작전은 매우 미묘하지만 중대한 것이었다.

국민의 지지를 받지 못하는 국가, 정부는 존재할 수 없다. 특히 민주적으로 구성된 정치체제를 채택한 국가에서 국가와 정부는 선거를 통해 획득한 민주적 정당성을 바탕으로 합법적으로 국민들의 지지와 존재 이유를 확보하게 된다. 하이브리드전을 통해 상대국의 국가와 국민 사이에 균열을 형성함으로써 국민의 지지를 상실하게 함으로써 국가와 정부가 붕괴할 수 있는 조건을 만들 수 있다. 표적이 된 국가와 정부의 붕괴는 하이브리드 공격자가 '전쟁 문턱 아래에서' 하이브리드 공격을 수행하는 궁극적이고 명확한 목표이다.

하이브리드 위협은 종종 대상 국가 또는 국가 간 정치 커뮤니티의 취약성에 맞게 조정된다. 그 목적은 국내적, 국제적 차원에서 양극화를 만들고 악화시키며 이러한 국내적, 국제적 차원의 양극화가 심화되는 상황을 최대한 이용하는 것이다. 따라서 하이브리드 위협은 민주사회의 공존, 화합, 다원주의의 핵심가치와 정치 지도자의 의사결정능력을 위태롭게 잠식시키는 결과를 야기한다.

궁극적으로 하이브리드 위협을 통해 약화시키려는 표적은 상대국 국민 사이, 상대국 국민과 국가, 정치 지도자 사이의 신뢰[37]이다. 따라서 국가를 구성하는 요소 사이의 신뢰를 구축하고 유지하는 것은 특히 민주주의 국가와 정치를 약화시키는 것을 목표로 하는 위협에 대응하는 핵심적인 요소로 간주되어야 한다. 또한 이러한 신뢰는 하이브리드 위협에 대한 정책 또는 전략적 대응이 결실을 얻기 위한 필수 조건이기도 하다. 특히 민주국가에서 국가와 국민 사이의 신뢰가 사라지면 국가와 국민 사이에서는 아무것도 작동하지 않거나 원하는 결과를 도출할 수 없다는 점을 항상 기억할 필요가 있다.

한편, 이러한 신뢰는 단층적이거나 일차원적인 현상으로 이해되어서는 안 된다. 여러 수준과 여러 영역에 걸친 이해가 반드시 필요하다. 예를 들어, 국민들은 정부가 정부 스스로의 결정을 준수하도록 보장한다는 국가 기관에 대한 신뢰를 가질 수 있어야 한다. 그러나 증거가 시사하는 바와 같이 많은 서구 국가에서 국가 기관이 대중의 신뢰 감소로 인해 신뢰를

---

37. 국가 간 사회적 자본 비교에 관심을 기울이는 OECD(2001)에서는 사회적 자본이란 집단 내 또는 집단 간의 협력을 촉진시키기 위한 사회 공통의 규범과 가치 및 이해라고 정의 내리고 있다. 후쿠야마에 따르면 신뢰는 '어떤 공동체 안에서 그 구성원들이 공통으로 공유하고 있는 규범에 입각하여 규칙적이고 정직하며 협동적으로 행동할 것이라는 기대'이다(성영애□김민정, 「사회적 신뢰와 보험」, 보험연구원, 2020).

잃고 있다는 것은 놀라운 일이다. 미국에서 대중의 신뢰는 1950년대 73%에서 2021년 24%로 감소했다.

마찬가지로 서유럽에서는 1970년대 이후로 신뢰도가 꾸준히 감소하고 있다. 가장 중요한 것은 국가에 대한 대중의 신뢰만이 아니다. 서로에 대한 국민 상호 간의 신뢰 역시 중요하다. 서구 국가를 포함하여 세계 여러 지역에서 포퓰리즘이 부상하는 것은 정치 공동체 내에서 더 큰 사회, 정치적 양극화의 징후이다. 그 결과 사회적 차원의 조화뿐만 아니라 공동체의 사회적, 정치적 조직도 위태로워져 모든 차원의 의사결정 과정에서 합의를 도출하기 어렵게 된다.

신뢰를 구축, 재구축 및 강화하는 것은 국가 및 사회 수준의 안전보장을 심각하게 위협하는 하이브리드 위협에 직면하여 내구성 있는 복원력을 만드는 데 여전히 중요하다. 국가와 사회를 구성하는 다양한 공동체 안팎의 신뢰를 구축하는 것은 하이브리드 전쟁과 위협을 무력화하기 위한 노력의 핵심이 되어야 한다. 이를 위해서는 의미 있는 투명성, 주인의식, 포괄성에 의해 뒷받침되는 국가와 국민 사이의 강력한 연결 고리를 개발하기 위한 구조적 및 정책적 수준의 지속적인 노력이 필요하다. 그리고 바로 이 지점에서 민주적 정치과정을 악용해 상시적으로 민주주의 체제 자체를 위협하는 행태와의 상시적 투쟁이 벌어지게 된다.

2장 **회색지대 전략**

회색, 하이브리드전의 새로운 색깔

　러시아가 2014년 우크라이나 동부지역을 병합하는 과정에서 수행한 하이
브리드전은 '복합성hybridity)' 안에 내재해 있는 '회색지대(gray area)'의 존
재를 특히 주목할 필요가 있다.[38] 하이브리드전에 사용되는 위협 수단인 "문
턱 아래(below the threshold)" 또는 "전쟁 직전(short of war)"의 갈등행위
들은 회색지대에 잘 부합되는 현상이다. 이러한 하이브리드 위협은 분쟁과
평화의 중간지대에서 벌어지는 폭력행위에 주목하면서 시간적, 공간적으로
다양한 전쟁 양상을 결합시킬 수 있는 유용한 개념이다. 일찍이 클라우제비
츠는 전쟁을 가리켜 "주어진 사례에 그 특성을 약간 적응시킨 진짜 카멜레
온 이상의 존재"라고 표현했는데, 그 카멜레온이 바로 하이브리드 전쟁인 셈

38.　각주 2와 같음.

이다. 이처럼 변형된 현대전의 치명적 위험성 가운데 하나는 사이버 공간을 통해 삽시간에 분쟁을 확산시킬 수 있는 잠재력을 갖고 있다는 점이다.

또한 재래식 전쟁과 달리 하이브리드전에서 '중심(center of gravity)'은 사람, 즉 표적으로 선정된 국가의 주민이다. 하이브리드전의 공격자는 동적인(kinetic) 작전을 전복행위와 결합시켜 상대국가의 핵심적 정책결정자와 의사 결정자에 대한 영향력 행사를 목적으로 수행한다. 때때로 침략자는 책임소재 규명 및 보복을 피하기 위해 비밀행동(covert actions)에 의존한다. 따라서 하이브리드전은 본질적으로 공작적이며 '전복적(subversive)'이다. 이는 다인종 사회, 정치·사회 및 이념적 갈등 수준이 높은 국가일수록 특히 위험하다. 하이브리드 전쟁의 전술은 전선에서의 대부대 기동이 아니라 안보의 회색지대에서 발견된다. '회색'이야말로 하이브리드 전쟁에서 등장한 '새로운 색깔'이다.

SOCOM, 회색지대에 주목하다

특히 회색지대의 중요성에 주목한 미군 특수전사령부(SOCOM)는 2014
년부터 1년 동안 'Gray Zone'이라는 연구 프로젝트에 착수했다. 그 목적
은 미 정부에 회색지대 위협을 이해하고 효과적 대응책 강구를 위한 도구
와 방안을 제시하는 것이다. 특수전사령부 정의에 따르면, 회색지대란 "아
직 완벽하게 이해되지 않은 전쟁과 평화 사이의 지대"이다. 회색지대에서
취한 행동은 통상적인 평시의 경쟁을 넘어서지만 전면전까지 이르지 않는
다. 사실 회색지대의 도전은 새로운 것이 아니다. 과거에도 이런 현상을
설명하기 위해 비정규전, 저강도 분쟁, 비대칭전, MOOTW(전쟁 이외의
군사작전), 소규모 전쟁 등의 용어들이 사용되었다. 미군 특수전사령부는
20세기 이래 다수의 전쟁에서 회색지대가 존재했다고 평가하고 있다.

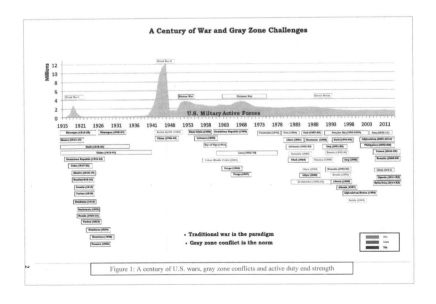

Figure 1: A century of U.S. wars, gray zone conflicts and active duty end strength

민주국가의 보이지 않는 전장

회색지대의 도전은 관점 의존적(perspective-dependent)이다. 일례로 러시아의 우크라이나 동부 병합 과정에서 미국, 러시아, 우크라이나는 그 과정을 서로 다르게 해석했다. 미국이 볼 때 분쟁은 회색지대의 백색 영역에 근접했으므로 경제제재와 외교적 압력으로 대응하는 것이 최선이었다. 반면, 러시아의 관점에서는 전쟁이라는 회색지대의 흑색 영역에 더 가까웠기 때문에, 보다 공세적 행동과 의지를 과시하는 것이 가능했다. 회색지대의 도전에서는 국력의 요소 중 특히 정보와 군사력이 강조되는 이유이다. 한편, 우크라이나는 분쟁사태를 자국의 주권에 대한 실존적 위협으로 간주하여 국가동원의 정당화 명분으로 삼았는데, 이런 행동은 우크라이나가 잠재적 전쟁을 의미하는 완벽한 흑색지대에 위치해 있다는 관점 때문이었다. 회색지대의 도전에서 결정적으로 중요한 것은 당사자들이 어떤 관점을 취할 것이냐의 문제이다. 미육군 특수전사령부가 제시한 아래의 그림은 당사자들이 갖고 있는 결의의 정도, 자신의 목표를 추구하려는 의지의 정도 등을 파악하는 데 매우 명료한 도구가 된다.[39]

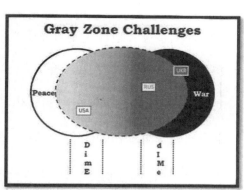

Figure 2: Participant perspectives of the Ukraine conflict

39.　USSOCOM, "White Paper The Gray Zone", 2015.

〈회색지대 충돌의 특징〉

  회색 영역 충돌은 다음과 같은 여러 가지 특징을 가지고 있는 것으로 나타났다. 회색 영역 충돌은 다음과 같은 갈등의 형태로 간주된다.[40]

• 응집되고 통합된 활동을 통한 정치적 목표의 추구.

• 주로 비군사적 또는 비운동적 도구의 사용.

• 명백하고 전통적인 전쟁 상태를 피하기 위해 '임계점 이하'에서 갈등 고조를 유지함.

• 특정 기간 동안 결정적인 결과를 추구하기보다는 목표를 향해 점진적으로 움직임.

  이러한 분쟁 수단과 관련된 중요한 구별은 국가가 정치적 목적을 추구하는 다른 형태의 대안으로 적극적이고 의식적으로 회색지대 전략을 선택하는지 여부이다. 어떤 경우, 회색지대 기술을 실험하는 국가들은 실제로 불규칙한 방식으로 공개적인 전투를 포함하는 비대칭 전쟁이나 상호 합의된 제약으로 추구되는 노골적인 전투를 포함하는 제한전이라는 전통적인

---

40. Michael J. Mazarr, "Mastering The Gray Zone –Understanding A changing Era of Conflict", Strategic Studies Institute and U.S. Army War College Press, 2015.

민주국가의 보이지 않는 전장

전투를 주제로 한 변형을 개발하고 있다. 혹은 회색지대 활동을 그것에 대한 대안이 아닌 잠재적인 전쟁의 서곡으로 사용하고 있을 수도 있다. 상대적으로 약한 국가들이 회색지대 전략의 도구와 기술을 선택할 수도 있는데, 이는 그들이 이 옵션들을 독특하고 일관성 있는 전략적 개념으로 간주하기 때문이 아니라 선택의 여지가 없기 때문이다. Mastering The Gray Zone-Understanding A changing Era of Conflict는 국가들이 실제로 회색지대 전략을 명확하고 구체적인 형태의 갈등으로 수용했다는 일부 증거를 확인했지만, 그 증거는 여전히 결정적이지 않다고 주장한다.

	Economic	Military / Clandestine	Informational	Political	Other
High End	• Blockade • Severe sanctions • Energy coercion	• Nuclear posturing • Movements of troops, threats • Creation of fait ac-compli situations • Large-scale covert actions to weaken regime • Discrete acts of violence at key moments • Use of UW forces (SOF, covert opera-tors) in direct action with deniability • Sponsoring large scale proxy violence	• Major propaganda campaigns • Large-scale deception and denial to conceal revi-sionist intent	• Support for domestic opposition, exiles, guerrillas, militias • Major claims in global forums to support revision-ist intent; urgent efforts to change rules, distribu-tion of goods • Conclude formal alliances • Sign treaties	• Large scale cyberat-tacks • Use of nonmilitary assets (coast guard, fishing fleets) to create de facto presence
Middle Ground	• Targeted sec-toral denial • Limited sanc-tions	• Large-scale exer-cises • Signaling • Moderate covert actions for leverage or specific goals • Sponsoring moder-ate proxy activities • Expand/revise military presence in regions/states	• Develop and publicize historical nar-rative • Moderate propaganda campaign	• Dialogues with adversary politi-cal opposition • Moderate efforts in international forums to revise rules • Establish regional concerts	• Cyberha-rassing, targeted cyber actions
Low End	• Trade policies • Implied economic coercion	• Small-scale covert actions for modest goals • Low-level backing for proxy attacks	• General information diplomacy	• Use of global forums to assert goals on persis-tent basis • Networks, Track 2 efforts	• Low-level, ongoing cyber activities

Figure 5-1. Gray Zone Tools and Techniques.

Mastering The Gray Zone -Understanding A changing Era of Conflict은 회색지대 활동을 구성하는 데 사용할 수 있는 다양한 도구와 기법을 도표를 통해 보여준다. 이 도표는 포괄적인 것을 의미하지 않는다. 다만 이 도표는 이용할 수 있는 종류의 행동을 암시하고 설명한다. 이러한 도구는 어떤 식으로든 회색지대 접근 방식에 잘 맞는 경향이 있다. 고전적인 군사력 사용의 의미하는 것과 달리 회색지대 활동에서 반드시 빠른 승리를 달성하도록 설계된 것은 없다.

앞의 표에서 제시한 점진적인 활동은 이 광범위한 메뉴에서 수집된 행동의 전체 조합을 포함할 수 있다. 회색지대 활동의 핵심은 도구가 아니라 단계적이고 점진적인 방식인 만큼 비록 고강도의 갈등에 미치지 못할 수 있지만, 그러한 활동이 주요 전쟁을 위한 기반을 마련하기보다는 정치적 목표를 달성하려고 한다는 사실이다. 또는 복합적인 무장을 활용한 작전 수행을 지원한다.

다음 전략은 다음 그림에 열거된 가능한 조치의 범위를 포함할 수 있다. 이것들은 평시 협력에서의 경쟁, 낮은 수준의 점진주의, 러시아처럼 중간 수준에서 높은 수준까지 다양할 수 있다. 이러한 접근법 중 다수는 전체적인 작전활동으로 결합될 수 있으며, 강도는 위험에 처한 이해관계 또는 공격을 행하는 국가가 허용하는 위험 수준에 따라 조절될 수 있다.

〈회색지대 전략, 완벽은 아니다〉

회색지대 전략은 완벽하지 않으며, 회색지대 전략이 항상 달성하려는 목표를 이루는 것은 아니다. 사실, 회색지대 전략은 역효과를 낼 수 있다. 만약 일관되게 공격성만을 추구한다면, 회색지대 전략은 전통적인 군사 작전활동처럼 반발과 균형을 일으킬 것이다. 이처럼 회색지대 전략이 가져올 잠재적 위험을 고려할 때, 장점뿐만 아니라 회색지대 전략의 약점을 인식하는 것은 중요하다.

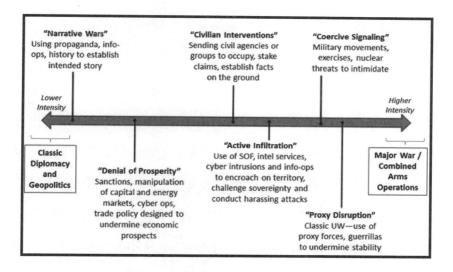

Figure 5-2. A Spectrum of Gray Zone Techniques.

[그림 4] 다양한 회색지대 기술

출처: Mastering The Gray Zone - Understanding A changing Era of Conflict

우선, 회색지대 전략을 통해 달성하려는 더 넓은 정치적 목표를 달성하는 데 실패할 수 있다. 전통적인 군사 작전과는 달리, 회색지대 전략은 구체적인 결과를 얻기 위한 결정적인 움직임을 수반하지 않는다. 회색지대 전략은 서서히 목표를 향해 다가가는 것이다. 하지만 그 과정은 방해를 받거나 저항에 직면할 수 있다. 예를 들어, 남중국해에서 중국의 일련의 행동은 지상에서 특정한 지역에 대한 강제 합병을 의도하지 않을 경우에만 지속 가능하다. 회색지대 전략은 이 지역의 다른 나라들이 중국의 영토라는 주장을 반드시 수용하지 않을 수도 있다. 회색지대 전략은 중국으로서도 일종의 타협 행위이며, 노골적인 공격보다 위험을 덜 발생시키지만 결정적인 행동과 그 성공에 대한 보장을 덜 반영한다. 지불하는 비용이 적은 만큼 얻게 되는 수익도 적은 셈이다.

게다가 회색지대 전략의 잠재력은 적어도 부분적으로 의도된 목표에 대해 공격 대상국가가 실제로 반응할 수 있는 수준에 달려 있다. 중국은 베트남, 필리핀, 일본 및 기타 중국의 회색지대 전략의 대상국가에 대해 자체적인 역량을 구축하는 범위 내에서 우호적인 대리인을 양성하고, 정보 작전을 사용하여 사건을 홍보하고, 해상 민병대를 해당 지역에 배치하거나 해상 민병대를 이용해 상대국을 괴롭히거나 사이버 활동과 같은 수단을 통해 결과적으로 상대 국가를 전복시키려는 중국의 노력은 적극적이고 점진적인 회색지대의 오래된 짝이 될 수 있다. 다른 전략과 마찬가지로 회색지대에서의 노력 역시 경합될 수 있고 반격받을 수 있다.

무조건 유리하지만은 않은 회색지대 전략

실제 장기적으로 1945년 이후 쌓아온 국제 규범, 규칙, 제도가 대체로 온전하게 유지된다면 공격적인 회색지대 전략의 운용자들은 그러한 경쟁에서 불리할 수 있다. 이러한 상황에서 회색지대 전략에 근거한 접근 방식의 주요 이점은 대응을 위한 특정 임계값 미만으로 유지하면서 행위자의 전략적 이점을 달성하는 것이었다. 그러나 이제 중국, 러시아, 이란이 수행하고 있는 회색지대 전략이 실제로 상당한 우려와 반응을 일으키고 있다는 것은 명백하다. 이미 회색지대 전략이 국제사회에서 널리 존경받는 행동의 핵심 규범을 위반하는 것으로 간주되기 때문이다.

예를 들어, 회색지대 전략을 효과적으로 압박하기 위해서는 중국이 회색지대 전략을 이용해 주장하는 해양 영유권을 인정하는 협상을 국제규범은 거부하고 있다. 이러한 경우 중국은 원하는 결과를 얻지 못할 수 있다. 공식 회담보다 회색지대 공격을 선택함으로써 중국이 스스로를 침략자이자 국제 정치의 규칙에 따라 행동하기를 꺼리는 국가로 간주된다는 것은 회색지대 전략의 설계자들에게는 딜레마가 있을 수 있으며, 회색지대 전략을 통해 중국이 그들의 미국과 미국의 동맹국을 비롯한 상대국들에 부과하려는 상황을 오히려 중국에 초래하는 결과로 이어질 수 있다.

한편, 회색지대 전략은 실질적인 진전을 달성할 수 있을 정도로 강력할 수도 있고, 효과적인 대응 조치가 불가능할 정도로 충분히 은밀할 수도 있다. 회색지대 전략이 중요한 정치적 목표를 향해 실질적인 진전을 이룰 수 있을 정도로 강력하다면 국제적 행동 규범을 위협할 가능성이 높다. 따라서 의미 있는 대응의 회피라는 주된 목표를 달성하는 데 실패하게 된다. 이것은 확실히 오늘날 아시아, 유럽, 중동에서 볼 수 있는 패턴이다. 이 딜레마는 회색지대 전략의 주요 위험을 잘 보여준다. 회색지대 전략에 대한 많은 분석들은 회색지대 전략의 대상이 되는 국가들이 회색지대 전략에 대해 결정적이거나 심지어 의미 있는 대응책을 취할 수 없거나 하지 않을 것이라고 가정하는 것처럼 보인다.

즉, 상대국의 '단계별 대응 조치'는 회색지대 전략에 직면한 대상들을 현상 유지에 빠져들게 할 것이고 결국 상대국은 "어떤 대응도 갈등으로 확대될 것"이라는 두려움에 휩싸이게 만들 것이라는 점이다. 우크라이나 전쟁 이전까지 동유럽에서 러시아의 회색지대 공격에 대한 서방의 반응을 살펴보면 확실히 이러한 분위기가 감지될 수 있었지만 회색지대 전략에 근거한 기법이 미국과 동맹국의 국가안보 전략에 심각한 도전을 제기한다는 것에는 의심의 여지가 거의 없다. 중국과 이란이 대안적 대리인을 무장시키는 것에 대한 외교적 대응부터 군사 배치 및 훈련에 대한 경제제재가 있었던 것처럼 특히 최근 러시아의 행동은 심각한 대응 조치를 촉발했다.

게다가 확전과 긴장 고조의 위험은 항상 존재하며, 회색지대 전략의 운용자들이 준비되지 않은 결과와 직면할 수 있다. 회색지대 전략은 이론적으로 '더 직접적인 군사행동을 고려할 수 있지만 그들의 승리를 확신할 수 없는' 약한 국가들의 전략으로 적절하게 이해될 수 있다. 확전과 긴장 고조는 그들을 군사적 실패의 중대한 위험이 있는 위험한 영역으로 끌어들이는 것이다. 회색지대 전략은 경쟁과 제로섬 경쟁의 분위기를 조성하고 무력을 통해 자신의 의지를 강요하려는 국가 의식을 조성함으로써 그러한 확대의 지속적인 위험을 발생시키는 것을 특징으로 한다. 그들은 또한 언제라도 더 큰 분쟁을 일으킬 수 있는 도발적이고 때로는 폭력적인 행동들을 포함하는 경향이 있다. 중국과 미국의 해·공군 사이의 충돌과 친러시아 우크라이나 민병대의 민간 여객기 격추는 그러한 잠재적인 계기의 주요한 예이다. 회색지대 전략은 꾸준한 외교활동과는 다르다. 회색지대 전략은 강력하지만 불안정하여 운용자자들이 피하고 싶어 하는 노골적인 갈등으로 확대될 수 있는 위험 위에 자리 잡은 '뭉툭한 좁은 칼날' 위에서 구사된다.

회색지대 전략의 단점은 공짜가 아니라는 것이다. 예를 들어, 동유럽에서 회색지대 전략을 바탕으로 수행된 주요 군사행동의 운영 비용, 대리인에게 전달된 자금과 대리인의 활동을 위해 구축된 특정 기능을 유지해야 하기 위해서 러시아는 상당한 직접 비용을 지출해야 한다. 회색지대 전략

수행을 위해 지출된 비용에는 신뢰할 수 있는 추정치가 없다.

  반면 더욱 실질적인, 추정 가능한 측면에서 이란과 러시아 모두 회색지대에서 이점을 얻기 위한 노력의 결과로 강력한 경제제재에 직면했다. 다시 말하지만, 심지어 절제된 공격성까지도 국제 규범을 위반하고 처벌을 유발할 수 있다. 모든 면에서 이러한 제재는 러시아와 이란 경제에 심각한 피해를 입혔다. 마지막으로 침략자로 인식되는 지정학적 비용이 있다. 바로 협력이 포기되고, 잠재적인 친구들에게서 소외되는 비용이다.

민주국가의 보이지 않는 전장

국제 규범, 규칙 및 제도, 회색지대 전략을 저지하는 토대

요약하자면, 회색지대 전략이 미국과 동맹국의 이익에 대한 현저한 위협이 되지만, 회색지대 전략의 잠재력을 과대평가해서는 안 된다. 회색지대 전략은 중요한 한계와 제약을 가지고 있다. 러시아와 이란은 회색지대 전략에 수반되는 비용 때문에 경제적, 지정학적, 군사적으로 오늘날 거의 확실히 더 나빠졌다. 중국은 이미 중국이 수행하고 있는 회색지대 전략에 대해 상당한 대가를 치르고 있다. 즉, 회색지대 전략은 운용자가 국제 규범에 도전해야 하며 주어진 임계값 아래에 있더라도 강력한 반격에 쉽게 직면 수 있다. 아래에서 보는 것과 같이 회색지대 전략에 대한 효과적인 대응은 이러한 현실을 기반으로 하며 국제 규범, 규칙 및 제도를 잠재적 회색지대 침략자를 처벌하고 저지하기 위한 기초로 사용하는 것이다.

Mastering The Gray Zone –Understanding A changing Era of Conflict는 남중국해 패권을 공고히 하려는 중국의 노력과 동유럽에서 패권을 창출하려는 러시아의 노력이라는 두 가지 사례를 살펴봄으로써 회색지대 전략의 성격을 설명하고 있다. 중국과 러시아가 회색지대 전략을 채택한 사례는 잠정적인 것으로 남아 있다. 논의된 증거는 결정적이지 않고 시사적이다. 따라서 두 사례 모두 일관성 있는 전략이 아닌 연결되지 않은 일련의 행동의 예이거나 단순히 군사적 기정사실화와는 완전히 다른 것일 수도 있다. 이러한 모호성을 해결하기 위해 이들 국가가 회색지대 전략을 의식적으로 채택하고 있는지 여부를 평가하는 수단으로 Mastering The Gray Zone -Understanding A changing Era of Conflict은 다음과 같은 5가지 질문을 검토했다.

1. 그들의 전반적인 국가 태세와 안보 전략이 그러한 접근법을 수용할 것인가?

2. 규칙에 기반한 질서의 변화가 필요한 목표를 확인하였는가?

3. 그들은 공식적이거나 준공식적인 장소에서 그러한 전략을 뒷받침하는 이론이나 개념을 개발하였는가?

4. 공식적인 소식통이 그러한 전략을 뒷받침하는 이론이나 개념을 지지했나?

5. 회색지대 전략과 관련된 행동을 볼 수 있는가?

그러나 이러한 다섯 가지 질문에 모두 긍정적인 대답을 한다고 해도 어떤 국가가 기본 접근법으로 회색지대 전략을 선택했다는 것을 증명하지는 못할 것이다. 그러나 Mastering The Gray Zone -Understanding A changing Era of Conflict은 중국과 러시아의 국가 공작에 패턴이 있을 수 있다는 것을 암시하는 충분한 증거가 다섯 가지 범주 모두에 있다고 지적하고 있다.

또 다른 질문은 이 두 행위자가 비교 가능한 전략을 사용하고 있는지, 아니면 중국과 러시아가 실제로 매우 뚜렷한 접근법을 추구하고 있는지 여부이다. 분석된 자료에 따르면 러시아와 중국이 회색지대 개념에 따라 잠재적 관련성을 시사할 정도로 유사성이 충분함을 암시하고 있다. 그러나 전략을 분류하는 문제에 있어 두 국가 사이에는 상당한 차이가 있다. 예를 들어 조지아(옛 그루지야)와 우크라이나에 대한 러시아의 접근은 중국이 남중국해에서 아직 시도하지 않은 어떤 것보다 훨씬 더 공격적이고 군사화된 것이다. 러시아의 접근법은 회색지대 활동의 '비군사적' 기준을 왜곡하며, 기정사실화하기 위해 고안된 준군사적 침략으로 쉽게 분류될 수 있다. 그럼에도 불구하고, 러시아의 행동은 회색지대 전략의 기본적인 정의를 충족시킨다. 가장 중요한 것은 모스크바가 그들의 접근 방식을 핵심 임계값을 촉발하는 것을 피하기에 충분히 제한된 것으로 인식하는 것으로 보인다는 것이다.

Mastering The Gray Zone –Understanding A changing Era of Conflict는 회색지대 활동 범위에 대한 두 가지 캠페인의 범위를 대략적으로 보여준다. 각각의 경우, 모든 활동 범위는 왼쪽과 오른쪽으로 확장된다. 특히 러시아 캠페인은 규모의 저강도 측면에서 '정치적 서사 구축'을 포함한다. 또한 집단적으로 행동하는 중국의 해상 민병대는 러시아의 '준군사적 침공의 사용'과 어느 정도 유사하다.

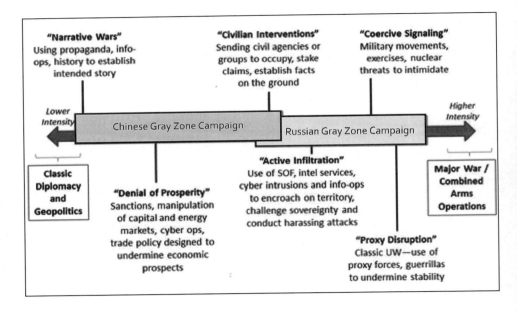

Figure 6-1. Chinese and Russian Gray Zone Strategies.

[그림 5] 중국과 러시아의 회색지대 전략

출처: Mastering The Gray Zone - Understanding A changing Era of Conflict

민주국가의 보이지 않는 전장

즉 중국은 남중국해에서 회색지대 전략을 통한 수정주의를 추구했다. 중국은 '규칙에 기반한 질서'를 변화시키겠다는 목표를 지향하면서도 어느 정도는 수정주의적 목표를 분명히 갖고 있다. 베이징은 특정 자원의 통제권과 균형을 얻기 위해 지역 헤게모니를 원하고, 결국 아시아에서 미국의 지정학적 우위를 대체하는 것을 목표로 하고 있다.

그러나 중국의 공격성은 엄격하게 제한되어 있다. 중국은 세계적인 경제 시스템을 붕괴시키거나 소용돌이치는 새로운 지역을 창조하려는 열망은 없다. 중국은 경제 성장과 번영에 적합한 글로벌 시스템을 보존한다는 명목으로 수십 년 동안 인내심을 갖고 접근해 왔다. 이러한 이유들과 다른 이유들로 중국은 지금의 국제 체제를 완전히 전복하지 않고 변경, 수정하기로 결심한 국가인 신중한 수정주의자가 되었다. 따라서 중국의 기본적인 국가 전략적 자세는 수정주의적 목표를 추구하되 위험을 관리하고 안정성을 유지하기 위해 회색지대 전략과 같은 것을 요구하는 것처럼 보일 것이다.

중국의 전략은 정치적, 외교적, 정보적, 경제적 요소를 긴밀하게 통합하면서 군사적 대결의 전체적, 다영역적인 측면을 강조한다. 최근 몇 년 동안 중국 학자들은 회색지대 전략의 가치를 강조하는 많은 이론적 저서를 발표했다. 또한 교리화되지 않은 채 학자들의 개념을 담은 출판물이 반드시 중국 정부가 그 전략을 채택했다는 것을 의미하는 것은 아니다. 그러나 여러 요인들은 이러한 이론들이 적어도 국가의 의도를 암시한다는 것을 시사한다.

이러한 출판물들은 현재 또는 전직 군 장교들에 의해 저술되었고, 그것들은 국영 출판사에 의해 발행되었다. 그리고 이러한 생각들이 중국 정책 결정자들에게 뿌리내리고 있고 적어도 어느 정도의 공식적인 생각을 반영하고 있음을 시사하는 수많은 관련 토론이나 출판물 또는 공식 논평들이 있다.

전장은 어디에나 있다, '초한전'의 본질

중국에서 그러한 회색지대 이론화의 가장 중요한 예는 중국군 두 대령이 저술한『초한전(Unrestricted Warfare)』이라는 제목의 잘 알려진 보고서이다. 그것은 민간과 군사 그리고 평화와 전쟁 사이의 경계선을 무너뜨리는 미래 갈등의 비전을 구성한다. 이 보고서의 제목은 상대적 우위를 위한 끈질긴 캠페인에서. 극단적인 폭력전이 아닌 권력을 얻기 위한 도구의 범위에 대한 제한이 없음을 의미한다. 초한전은 군사적 성취를 위해 비군사적 도구들이 이전의 군사적 수단들과 동등한 수준으로 급부상하고 있고 유용해지고 있다고 주장한다. 사이버 공격, 금융 무기, 정보 공격, 이 모든 것들이 함께 전쟁의 미래를 구성한다. "전장은 어디에나 있다"는 것이 초한전, 바로 무제한 전쟁의 본질이다.

초한전은 분석적이라기보다는 시사적이며, 확실한 경험적 사례나 작전 세부사항을 배제한 채 100번의 도발 사례를 제시한다. '제한 없는' 전쟁과 고전적인 전쟁 사이의 경계에 대한 것이 주제인지, '제한 없는' 전쟁이 진정으로 주요 전쟁을 대체한다는 것인지 아니면 단지 부수적이라는 것인지는 명확하지 않다. 초한전에 기술된 도발 사례들은 새로운 것이 아니며, 이미 국가들이 수천 년 동안 초한전의 수단에 해당하는 모든 범위를 잠식했다는 것을 인식할 수 있는 만큼 잘 인지조차 하지 못하고 있다. 하지만 초한전은 중국이 회색지대에서 갈등을 생각하는 방식의 가장 좋은 사례로 남아 있다.

남중국해와 중국의 회색지대 전략

중국은 수정주의적 의도를 위해 회색지대 전략을 사용하는 상태와 일치하는 행동을 하는 것으로 보인다. 남중국해에서 목표를 달성하기 위해, 중국은 지역 패권에 대한 지속적인 주장을 구축한 일련의 조치를 취했는데, 이 조치는 경쟁 우위를 위한 일관된 회색지대 전략에 따른 활동이 추가되는 것으로 보인다. 중국은 이러한 활동의 일환으로 광범위한 도구와 기술을 사용했다.

중국은 '남해구단선'[41] 내 영해에 대한 상세한 정치적 주장을 발표했다. 중국은 남해구단선에 대한 중국의 주장을 지지하는 역사적 서술과 문서를 생성하고 분쟁을 만족스럽게 해결하겠다는 결의를 밝혔다. 중국은 이 지역 전역의 군중과 주둔 임무에 '비군사적인 해상법집행기관에 속한 엄청나게 다양하고 많은 수의 항공기와 함정'을 배치했다. 2013년 중국은 인민해방군과의 상호 협력을 강화하기 위해 5개 민간 해양 기관을 통합해 해안경비대를 설치했다. 중국은 2014년 파라셀 제도 인근에 석유 굴착기를 배치하는 등 지역적 강제성을 확보하는 수단으로 중국해양석유공사를 활용했다. 이러한 중국의 행태는 경제적, 외교적, 정보적 차원의 일련의 활동을 영향력을 확보하기 위한 일관된 활동으로 통합적으로 이해될 수 있다. 한편, 중국

---

41. 남해구단선: 중국과 대만이 주장하는 남중국해의 해상 경계선이다. 1947년에 설정되었으며 남중국해의 대부분을 중국의 수역으로 설정하고 있다. 남해구단선 안에는 동사 군도, 파라셀 제도, 중사 군도, 스프래틀리 군도(남사군도)가 포함되어 있다.

이 회색지대 전략으로 사용 중인 수단은 아래와 같이 요약할 수 있다.

Gray Zone Characteristics	China's Actions
Pursues political objectives through integrated campaigns.	• Outlined political foundations for claims in South China Sea (SCS) area. Narrative, propaganda efforts. • Numerous elements in seemingly coordinate campaign: Maritime, political, economic, military. • Theoretical foundations for integrated non-military approach.
Employs mostly non-military or non-kinetic tools.	• Paramilitary: Deployment of civilian fishing fleets and aircraft to establish presence in disputed areas, swarm and overwhelm other claimants' activities, or reinforce Chinese presence claims under pressure. • Economic: Offering direct aid or favorable trade deals, signing access agreements or joint development deals, threatening or imposing sanctions. • Energy: Use of oil rigs as presence tools; energy agreements and aid as inducements. • Diplomatic: Conducting direct coercive diplomacy, working to undermine cooperative or coalition responses to China's actions, engaging in negotiations. Establishing parallel norms and institutions that preserve basic stability of a rules-based order but shift influence to Beijing. • Informational: Formal statements, social media campaigns, publicizing narratives; use of cyber capabilities to gather and shape information, threaten punitive actions.
Strives to remain under key escalatory thresholds to avoid outright warfare.	• Seemingly clear intent to remain below thresholds of response, including UN Charter definition of "aggressive actions" that trigger self-defense provisions. • Willing to retreat to ease tensions and preserve thresholds.
Moves gradually towards its objectives rather than seeking decisive results in a short period of time.	• Long-term, incremental series of steps to achieve strategic objectives. • Willing to step backwards to ease tensions and preserve the capability for long-term progress.

중국은 이러한 수단과 기법을 일련의 강압적인 행동을 지원하기 위해 배치했다. 2012년 베이징은 파라셀 제도의 우디 섬에 정착지를 건설했다. 2012년 4월, 중국은 스카버러 환초에 대한 압력을 강화했고, 결국 필리핀 군은 자원 부족으로 철수해야 했다. 2013년 11월 동중국해에 방공차단

구역(IDIZ)을 선포했다. 중국은 자원에 대한 사실상의 행정적 통제에 대한 기대를 조성하기 위해 중국해양석유공사와 같은 국영 기관을 활용했고, 의도적으로 이 지역에 다른 강대국들, 특히 미국과 일본 사이에 긴밀한 군사적 갈등을 유발했다.

전체적으로 보면, 이러한 접근법은 회색지대 도구와 기술의 점진적인 적용에 의한 수정주의적 목표 추구 기준을 충족하는 것으로 보인다. 앤드루 스코벨은 2000년 이전까지만 해도 중국이 이 지역에서 비군사력(non-military forces)을 사용하는 것을 두고 "느린 강도의 갈등"이라고 언급했는데, 이는 "다른 주장자들이 분쟁이 존재하지 않는다고 믿게 하려는 움직임의 전략"이라고 평했다. 반 잭슨은 유사하게 "현상에 도전하는 국가들은 귀속을 어렵게 하거나 침략자와 방어자의 구별을 모호하게 하는 유형의 강요를 추구함으로써 부인할 수 있는 방식으로 점점 더 그렇게 하고 있다"고 주장했다. 그는 이것을 "회색지대 강제"라고 명명했다.

반 잭슨은 중국이 인민해방군 해군(PLAN)을 직접 활용하지 않고 영토 주장에 대해 주장하는 패턴을 보여 왔고, 대신 어선, 해안경비대, 물대포, 분쟁 지역에 인공 섬을 건설하는 건설 인력, 침입하지만 무장하지 않은 정찰 드론, 그리고 메스꺼움을 유발하는 저주파 공격장비 등 비전통적인 행동과 수단에 의존해 왔다고 지적했다.

민주국가의 보이지 않는 전장

회색지대 전략을 표준화된 분쟁, 지속적이지만 조정되지 않은 대규모 경쟁과 구별하는 중요한 기준은 회색지대 전략으로 보이는 활동들의 의도성과 설계가 어느 정도 수준으로 평가되는가 하는 점이다. 어느 정도 의미 있는 일관성과 지위를 갖기 위해서는 회색지대 전략이 의도적인 활동으로 생각되어야 하며, 구체적인 노력의 지점과 다소 모호한 점이 있더라도 목표가 식별되어야 한다. 회색지대 전략은 전통적인 군사 작전의 대안으로 의도적으로 선택되어야 한다.

중국의 남중국해 회색지대 접근법이 이러한 기준에 부합하는 의도적 전략이라는 증거가 있지만, 이는 불완전한 증거에 기초한 잠정적 판단이라는 점을 강조하는 것이 중요하다. 예를 들어, 중국 관리들은 회색지대의 개념을 반복적으로 언급했다. 중국 인민해방군의 장자오중 소장은 중국의 영향력을 얻기 위한 방안으로 어선과 관공선 등 다수의 민간 선박으로 경쟁 지역을 포위하는 '배추 전략'을 언급하기도 했다.

중국은 전체적인 효과를 달성하기 위해 비군사적 접근의 다양한 측면을 조정하는 것으로 보인다. 회색지대 전략을 유지하기 위해 호전성의 정도를 조정한다. 대응의 문턱 아래에 머물기 위해, 지역적인 반응이 너무 격렬해지는 시기에는 1년 이상 호전적 활동을 자제하기도 한다. 동시에 중국은 주요 전쟁을 수행할 수 있는 능력에 많은 투자를 하고 있다. 중국은 차세대 함정과 항공기, 전차를 도입하고 표적획득 및 정밀 타격 능력을 최신화하기 위한 장비를 구매하고 있다.

중국은 2020년까지 군사 기술과 개발의 최전선에 도달하고, 미국과 다양한 형태의 군사적 대등성을 달성하겠다고 공언해왔다. 중국은 분명히 주요 분쟁의 가능성에 대비해 전통적인 노선에 따라 역내에서 군사적 우위를 강화하기 위한 군사적 능력의 확보를 지속적으로 추진하고 있다. 다시 말하지만, 중국이 회색지대의 관련성이 증가한다고 해서 다른 형태의 분쟁의 가능성이 낮아지거나 불가능해졌다는 것을 의미하지는 않는다. 사실, 중국이 전통적인 군사 작전을 위한 역량 강화를 강조하는 것은 회색지대 강조와 일치하지 않는다. 그러나 회색지대는 경쟁과 갈등의 잠재적 장(field)을 구성하는 한 부분일 뿐이며, 그렇게 이해되어야 한다.

한편, 시계열적인 분석[42]에 따르면 중국의 회색지대 전략은 남중국해와 동중국해에서 각각 다른 구조와 경향성을 보여 왔다. 남중국해와 동중국해에서 중국이 주로 구사하는 회색지대 전략의 유형과 강도는 명백한 차이가 존재했고, 그 행위자 역시 동일 범주 내에서 미미한 차이를 보였다. 큰 틀에서 남중국해와 동중국해 분쟁은 세력균형의 상태를 유지하고 있

---

42. 조용수, 「중국의 회색지대 전략 메커니즘 분석을 통한 남중국해 및 동중국해 분쟁 양상 비교: 시계열 데이터에 근거한 경험적 연구를 중심으로 해양안보 Maritime Security」, 창간호(통권 1호), 2020.

었지만, 분쟁 당사국들도 각기 중국의 회색지대 전략에 대처하는 방법은 달랐다.

중국보다 세력이 약한 국가들이 대거 분포해 있는 남중국해에서 중국의 군사력 현시와 해양정찰, 해양조사, 어업활동 등의 회색지대 전략에 대해 상대국은 중국과 마찬가지로 방어력을 강화하는 방식으로 간접적인 대응 행태를 보였고, '눈에는 눈 이에는 이' 전략도 적극 활용해 중국이 사용하는 회색지대 전략과 동일한 방식으로 이에 대응했다. 하지만, 동중국해에서는 상대국이 자체적으로 군사력을 강화하고 중국과 군비 경쟁을 벌이기보다는 일본과 미국 간 동맹의 역할이 조금 더 강조되었고, 방위지침과 국제규범 등에 근거해 중국을 견제하기 위한 외적 균형 수단을 활용하는 모습을 보였다. 또한, 일본은 미국의 분쟁 관리와 관여 정책을 바탕으로 중국의 회색지대 전략에 대해 적극적인 군사적 대응도 이어오고 있다.

회색지대 전략의 주요 전술 중 하나인 '기정사실화'는 경험적 사례들에 비추어 보았을 때, 남중국해와 동중국해 분쟁 모두 핵심적인 전략으로 기능하지는 않고 있는 것으로 평가되고 있다. '기정사실화'는 단지 중국이 행사하는 정치·외교적 수사 내지 상징의 의미로써 분쟁이 격화되지 않았던 2010년대 초반과 중반에 주로 사용되었던 전략이었음이 밝혀졌다. 하지만, 기정사실화 전략은 여전히 매년 몇 차례씩 남중국해, 동중국해 분쟁에 활용되면서 이 지역에 대한 중국의 영유권 주장을 심화시키는 수단으로 작용하고 있다.

중국의 회색지대 전략은 유형이 매우 다양하며 남중국해와 동중국해 분쟁에 있어 핵심적인 전략으로 기능하고 있다. 또한, 이는 대체로 군사적인 수단을 통해 직·간접적으로 구사된다는 측면에서 분쟁 지역에 대한 안보 불안을 가중시키고, 이와 더불어 상대국의 주권을 침해하거나 안보 위협을 가하면서 전면전으로 확대할 가능성을 언제나 함축하고 있다. 이런 전략을 다양한 차원에서 활용하면서 해양 분쟁을 수행하고 있는 중국의 전략 사용 의도는 여전히 쉽게 파악하기 어렵다는 점이 분쟁 관리의 위험성을 더욱 높이기도 한다. 결국 중국이 남중국해와 동중국해의 분쟁에서 활용하고 있는 회색지대 전략에 포섭된다면, 분쟁에 대한 적실한 대응이 불가능해질뿐더러 중국이 원하는 대로 해양에서의 점진적인 패권 주도권 상실과 자칫 현상 변경까지도 강화하게 될 가능성이 있다.[43]

중국은 회색지대 전략의 변형인 '살라미 전략'으로 동중국해를 조금씩 점령하기 위해 추진해 왔다. '살라미 전략'은 1974년 베트남 홍사군도를 처음 장악하면서 확인된 전략이다. 중국이 이 전략을 채택한 이유는 이

---

43. Chung, Samman, "Gray Zone Strategy in Maritime Arena Theories and Practices", STRATEGY21, 2018.

민주국가의 보이지 않는 전장

지역의 지정학적, 경제적 이익을 차지하기 위해서였다. 중국은 우리나라 이어도에 살라미 전략을 적용해 이어도를 장악할 가능성도 배제할 수 없다. 중국은 회색지대 전략 최선의 수단으로 평가되는 해상 민병대를 소유하고 운영하고 있다. 중국의 해상 민병대는 인민해방군 해군의 보조군이자 지원군 역할을 한다. 예비군으로 분류되지만 인민해방군 해군의 실제 예비군과 혼동해서는 안 된다. 중국의 예비군 시스템은 두 개로 구성되어 있는데, 민병대와 인민해방군 예비군으로 이 두 개의 조직을 동시에 건설하고 관리한다. 기본적으로 예비군으로서 중국 민병대는 인민해방군 예비군과 유사한 역할을 하며 인민해방군이 맡은 역할을 지원한다.

그러나 해상민병대에 대한 주의를 촉구하는 중요한 이유는 평화시 해상민병대와 일반 어선단을 구분하는 것이 거의 불가능하다는 점 때문이다. 해상민병대는 사실상 감시, 접근, 외국 바다 행위자와의 교전, 심지어 상륙과 중국이 주장한 해상 영유권을 기정사실화하는 데 필요할 때 신속하게 동원할 수 있는 최전방 비정규군 역할을 할 수 있는 군사구조와 정기적인 훈련을 갖추고 있다. 한국의 이어도는 중국과 한국의 배타적 경제수역이 겹치는 곳에 위치하고 있는데, 이것은 실제 해상 경계를 확정하는 것이 양국의 결정에 달려 있다는 것을 의미한다. 그러나 중국이 주요 전투작전 시, 전통적인 단계로 이어도를 점령한다는 것은 거의 상상할 수 없는 일이다. 노골적인 공격은 유엔 헌장에 정의된 전쟁에 해당하고 대규모 공격의 비용은 심각하지만 잠재적 이익은 감소할 것이기 때문이다. 그러나 회색지대 갈등의 원인과 특성, 전략 등을 고려할 때 중국의 회색지대 강제에 이어도가 취약해지지 않도록 대비할 필요가 있다.

일본은 한국의 이웃 국가 중 하나로 은밀침투나 신속 상륙 능력을 갖춘 극우 세력을 이용하여 독도를 상륙 및 점령하는 데 회색지대 전략을 적용할 가능성이 있는 국가이기도 하다. 일본 극우주의자들은 사실상 위장한 민병대로 동원될 수 있다. 한반도를 둘러싼 현재의 해양 안보 상황을 고려할 때 한국의 관점뿐만 아니라 일본의 관점에서도 이 시나리오는 생각할 수 없는 것일 수 있다. 그러나 우리의 해양 주권을 방어하는 전략은 본질적으로 수동적이기보다는 능동적인 것이 우위에 있다. 즉, 국방 전략은 누구나 예상할 수 있는 것보다 생각할 수 없는 것에 관심을 가질 때 최고의 가치가 있기 때문이다.

한동안 이어도와 독도를 둘러싼 영유권 분쟁이 잦아든 것은 회색지대 활동에 대항하는 일종의 억지력이 해당 해역에 있기 때문이라고 평가할 수 있다. 그러나 중국과 일본이 이어도와 독도에 대해 회색지대 공격을 개시했을 때 우리에게 구체적인 억제책이 없다는 점을 고려한다면 이러한 판단은 잘못된 것일 수 있다. 대표적으로 오랜 기간 한국이 중국과 경계 획정 분쟁을 이어가고 있는 이어도 주변수역과 서해 인근에서 민간 어선

민주국가의 보이지 않는 전장

을 가장한 해상민병대의 출현 횟수가 증가한 데다가 도발 강도 역시 거세지고 있다. 또한, 한국 영공과 방공식별구역 인근에 지속적으로 중국 군용기가 단독으로 때로는 러시아와의 연합 훈련을 계기로 출몰하고 있는 것도 중국의 회색지대 전략으로부터 전혀 자유롭지 못하다는 증거이기도 하다. 공개된 바로는 여전히 독도를 대상으로 한 일시적 무력 분쟁에 대응하기 위한 정례 훈련과 계획이 있을 뿐이다. 그러나 이러한 노골적인 군사 작전에 대한 대비는 회색지대 위협을 막기에는 부족하다.

따라서 중국이 구사하는 분쟁 전략인 회색지대 전략에 맞서 우리의 해양 안보와 이익을 수호하기 위해 더욱 강한 해군력과 참신한 해양 전략을 마련하는 것은 이제 필수적이라 하겠다. 이제 해양 전략은 해군력에만 국한되지 않는다. 회색지대 위협에 대한 군사적 비군사적 영역을 망라한 종합적인 대처능력을 갖추고, 특히 중국의 해상민병대에 대처하기 위해 구토작용제를 살포할 수 있는 함포탄과 같은 비살상 제압 무기와 전자전 장비를 해군과 해경이 모두 확보해 해상민병대를 앞세운 중국의 기정사실화 활동에 대비할 필요가 있을 것이다.

3장 다영역(통합 전 영역) 작전

　다영역 작전(Multi-Domain Operation)은 미 육군이 새로운 전쟁 수행방식으로 제안한 개념이다. 다영역 작전은 미 지상군이 2010년대 중반 제안한 다영역 전투(Multi-Domain Battle)를 발전시킨 개념으로 다영역 작전을 개념화한 미군은 물론 나토와 한국군도 개념을 발전시키고 있는 전쟁 수행방식이다.

민주국가의 보이지 않는 전장

미 육군이 2018년부터 도입한 새로운 작전 개념

2018년 간행된 The U.S. Army in Multi-Domain Operations 2028(TRADOC Pamphlet 525-3-1)에서 마크 밀리 미육군 총장은 이 문서에서 1991년 걸프전(사막의 폭풍 작전), 2001년 9·11 테러 이후 아프가니스탄, 사하라 일대, 카자흐스탄, 필리핀, 아프리카의 뿔, 조지아, 카리브해 및 중앙아메리카 지역에서 실시된 대 테러 전쟁인 항구적 자유 작전, 2003년 이라크 전(이라크 자유 작전)을 거치면서 미국의 적들은 미국의 전쟁 수행 방법, 전략·작전·전술 수준의 기동, 미국의 군사력 투사와 전개, 주도권 확보, 합동·연합 작전능력, 임무 지휘능력의 우위, 효과적인 합동 화력 운용 능력, 대규모 군사작전의 지속 능력, 작전지휘 결정 등 미군이 보유하고 있는 군사력 운용에서의 탁월성에 대해 면밀한 연구를 할 수 있게 되었다고 지적했다.

동시에 인공지능, 초음속 무기, 머신러닝, 나노테크놀로지, 로보틱스와 같은 새롭게 부상하고 있는 신기술들이 전쟁(war) 성격에 근본적인 변화를 주도하고 있다고 지적했다. 이러한 기술은 성숙하고 군사적 활용 방안이 점점 명확해짐에 따라 기관총, 전차, 항공기의 통합을 시작으로 단일 영역에서 무기를 통합해 사용하는 전쟁의 시대(era of combined arms warfare) 이래 그 어떤 것과도 비교할 수 없는 전장을 혁신할 수 있는 잠재력을 가진 영향을 미칠 것이라고 평가했다.

또한 러시아와 중국과 같은 전략적 경쟁자들은 군사 교리 및 작전에 대한 분석을 통해 이러한 새로운 기술을 통합하고 있다면서 이들 국가는 우주, 사이버, 공중, 해상, 지상, 전 영역에 걸쳐 대치하면서 미국과 교전하기 위한 능력을 갖추고 있다고 밝혔다. 이로 인해 미국이 국면한 새로운 군사적 문제는 미국이 수행하는 작전의 일관성을 유지하기 위해 전 영역에서 여러 평면에 걸친 대치 상태에서 적을 패배시키는 것이라고 강조했다.

문제인식의 출발점 - 중국의 A2AD 전략

사실 이러한 문제인식은 테러와의 전쟁이 한창이던 2010년대 중반부터 시작됐으며 당시 미국은 잠재적 적대국들이 가까운 시기에 첨단 과학기술의 적용과 미국의 전쟁수행 방식에 대한 면밀한 연구를 바탕으로 미국이 누려온 군사적 우위를 약화시킬 것이라 평가했다. 전략적 적대국가들이 미국의 군사력 투사와 전개, 주도권 확보, 군사력 운용에 대해 효과적으로 대응할 수 있는 능력과 체계를 갖추게 되는 반면 미국은 이들 국가를 억제하거나 격퇴할 수 있는 충분한 능력과 체계를 갖추지 못해 군사적 우위를 유지할 수 없을 것이라는 우려였다.[44]

특히 2000년경부터 서태평양에서 이른바 반접근 지역거부(A2AD)[45]로 명명된 중국의 전략이 점차 구체화, 현실화되면서 이러한 우려는 더욱 고조되어 해군과 지상군 모두가 대응책 마련에 나서게 됐다.

미 해군은 2010년대 초 해·공군이 가담하는 공해전투(AirSea Battle) 전략을 제시하였다. 이는 전통적으로 동아시아에 대한 미국의 군사적 개입

---

44. 허강환, 「미국 다영역 작전에 대한 비판과 수용」, 『군사연구』, 147, 2019. 6.
45. 반접근 지역거부(A2AD): 동맹을 포함한 미국의 합동군이 작전지역으로 진입하는 것을 방지하기 위해 가상 적국 장거리 타격 및 대응능력과 작전지역 내에서 미국의 군사적 활동의 자유를 제한하기 위해 운용하는 단거리 타격 및 대응능력을 의미한다.

은 항공모함전투단으로 대표되는 미국 해군의 대규모 수상 전력이 주도해 왔는데 대규모 수상 전력이 DF-21D와 그 개량형인 DF-26 대함 탄도 미사일 등 중국의 A2AD 전력에 취약한 것으로 평가되면서 제시된 전략이다.

2010년 미국의 비영리 싱크탱크인 전략예산분석센터(CSBA)가 작성한 Air-Sea Battle A Point-of-Departure Operational Concept에서 제안한 공해전투의 핵심은 국면별로 ① 미공군은 중국군의 우주기반 해양 감시체계를 무력화함으로써 중국군의 해상 표적 획득을 거부해 미해군 전력 작전의 자유를 유지하고 ② 미사일 방어 능력을 갖춘 미해군 수상함은 일본과 미공군의 전방전개기지를 보호하며 ③ 미해군 잠수함과 함재기는 장거리 감시 정찰을 통해 중국군의 통합방공체계와 대공 감시 정찰 자산에 대한 정보 획득과 표적 타격을 통해 방공 능력을 약화해 미공군의 작전을 가능하게 한 뒤 ④ 다시 미공군은 장거리 능력을 이용해 미국과 동맹국 기지 및 시설에 대한 중국군의 장거리 해상 감시 체계와 장거리 탄도 미사일을 이용한 중국군의 대함 및 대지상 공격 능력을 감소시키고 항공모함을 비롯한 미해군의 기동 자유도를 증대하며 ⑤ 미해군 함재 전투기는 중국군의 공중 기반 유무인 감시 체계와 전투기를 격퇴해 공군 지원기와 공중 급유기의 전개 공간을 확보한 뒤 ⑥ 공군은 스텔스기를 이용한 공격기뢰 부설을 통해 해군의 대잠작전을 지원하는 한편 폭격기와 비스텔스기가 지속적인 공격으로 해군함정의 작전을 지원하고 원거리 봉쇄 작전을 수행한다는 매우 공세적인 것이었다. 이후 공해전투는 아시아 태평양 지역의 지배적인 지리적 영역을 고려하여 우주, 사이버 영역과 공중과 해상을 포괄하는 현대적인 합동전 개념으로 발전하였다.[46]

미 지상군 역시 지속되고 있는 테러와의 전쟁 와중에도 새로운 위협이 등장해 변화하고 있는 전장환경에 부합하는 장차전에 대한 교리를 발전시키는 작업을 지속해 왔다.[47] 미 육군은 2014년 10월 '복잡한 세계에서의 승리(Win in a Complex World)'라는 미래 개념을 제시하고 이에 대한 다양한 의견을 수렴했다. 이를 바탕으로 2016년 12월 현행 공지전투(AirLand Battle) 개념을 대체할 미래 전투수행 개념을 담은 '다영역 전투(Multi-Domain Battle): 21세기 합동 및 제병협동 개념'이라는 백서를 발간하였다. 그리고 이 개념에 대하여 각 군과 유관기관의 검토의견을 고려하여 미 육군과 미 해병대가 공동으로, 2017년 12월 '다영역 전투: 21세기 제병협동의 진화'라는 교리 팸플릿을 발행했다.

다영역 전투 개념에 대한 공감대가 확산되면서 미육군 훈련교리사령부

---

46. Maj William H. Ballard et al., "Operationalizing Air-Sea Battle in the Pacific", Air & Space Power Journal (2015. 1-2.), p. 23
https://www.airuniversity.af.edu/Portals/10/ASPJ/journals/Volume-29_Issue-1/F-Ballard_Harysch_Cole_Hall.pdf(2023. 1. 14.)
47. 각주 44와 같음.

(TRADOC)는 2018년 The U.S. Army in Multi-Domain Operations 2028(TRADOC Pamphlet 525-3-1)이라는 업그레이드 버전에 해당하는 교리 팸플릿을 발행하였으며, 현재는 미 국방부 차원에서 각 군의 작전개념을 통합하여 미래 합동작전 기본개념으로 교리화하기 위한 논의를 진행 중인 것으로 알려져 있다. 한편, 미육군은 The U.S. Army in Multi-Domain Operations 2028에서 새로운 전장 환경 변화에 대해 평가하는 한편, 러시아가 무력 분쟁 이하의 경쟁을 통해 목표를 달성해왔던 러시아의 기법을 분석하고 있다. 이러한 내용은 현재 대한민국이 직면하고 있는 전장 환경 변화를 평가하는 데 참고할 만한 부분이 있어 아래에 상세히 소개하고자 한다.

군사적 교착상태를 만들기 위해 변화하는 러시아와 중국

The U.S. Army in Multi-Domain Operations 2028은 미국의 국익이 가까운 미래에 무질서와 국제규범을 교란하는 국가들에 의해 도전에 직면할 것이라 이야기하고 있다. 이 개념은 교란 국가의 도전에 대한 해법이라고도 명시하고 있다. 합동 전력은 경쟁[48] 또는 무력 분쟁[49]의 방법으로 국제 규범에 도전하는 적들에게 대응할 것이고 전 영역과 전자기스펙트럼[electromagnetic spectrum(EMS)], 정보 환경[50]에서 도전하며 상호 관련성을 갖는 해상, 공중, 지상, 사이버 4개의 영역[51]으로 변화한 작전 환경에서 작전이 수행될 것이라고 전망하고 있다. 그리고 확장된 전장에서 직면하는 더욱 치명적이고 활동적인 소규모 전력에 맞서 미국의 우위를 보장하지 못할 것이라고 우려했다.

---

48. competition: The condition when two or more actors in the international system have incompatible interests but neither seeks to escalate to open conflict in pursuit of those interests. While violence is not the adversary's primary instrument in competition, challenges may include a range of violent instruments including conventional forces with uncertain attribution to the state sponsor.

49. armed conflict: When the use of violence is the primary means by which an actor seeks to satisfy its interests.

50. 정보환경: 정보를 수집, 처리, 전파하는 개인, 조직, 시스템의 총체로서 모든 정보활동이 이루어지는 공간 및 영역

51. 현재 영역(domain)은 해상, 공중, 지상 및 사이버 공간에 우주가 추가된 상태이다. 또한 인지전(cognitive warfare)의 개념이 발전하면서 인지의 주체인 인간 자체를 새로운 영역으로 설정해야 한다는 논의도 진행되고 있다.

또한 민족 국가는 정치, 문화, 기술, 전략적으로 복잡한 환경 내에서 그들의 의지를 강요하는 데 더 많은 어려움을 겪을 것이고 동급에 가까워지는 경쟁자들은 더 쉽게 무력 분쟁 미만의 수준에서 경쟁하며 억지력을 유지하는 것을 어렵게 할 것이라고 보았다. 이러한 특성은 적대국, 특히 중국과 러시아와 같은 동급에 가까워지는 경쟁자들이 전술, 작전, 전략의 대치 상태를 만들기 위해 시간(평화와 전쟁의 모호한 구분), 영역(우주 및 사이버 공간) 및 지리(현재는 미국 국토로 확장됨)에서 전장을 확장하는 것을 가능하게 한다고 판단하고 있다.

The U.S. Army in Multi-Domain Operations 2028은 이에 더해 새롭고 중요한 전장 환경의 변화로 '도시 환경'을 꼽았다. 도시의 전략적 중요성으로 인해 육군 전력은 고밀도 도시지형에서 작전해야 할 필요가 있다면서 도시환경의 물리적, 인구통계학적 밀도는 전혀 다른 물리, 인지, 작전적 특성을 만들어 낸다고 평가했다. 이러한 요소들의 누적된 효과는 물리적, 시간적 제약 하에서 수행해야 할 과업의 숫자를 증가시키고 지휘관과 참모들이 고려해야 할 전략적 변수도 증가시켜 전쟁의 마찰(the friction of war)을 가중한다고 평가했다. 고밀도 도시지형에서의 작전은 지속적인 무질서나 교란된 국제규범에 대응하는 것이다. 국제규범이 교란된 상태에서 적은 고밀도 도시 지형을 이점(利點)을 획득하거나 합동 전력의 내구력을 약화시키기 위해 악용될 것이라고 예상했다.

러시아와 중국에 대한 평가

중국과 러시아는 국제 규범을 교란할 가능성이 높은 국가 중 가장 유능한 국가이며 따라서 그들은 이 개념의 중점적인 대상이라고 밝히면서 양국의 수단은 다소 다르지만 동일한 작전 및 전략적 대치 효과를 창출하기 위해 역량과 접근 방식을 추구하고 있다고 평가하고 있다.

또한 다영역 작전은 전략 및 작전 구성을 조직하기 위해 러시아가 제시하고 있는 문제를 중국이 중장기적으로 발전시키고 있는 중국과 러시아의 개념 및 전력 개발 방향이 미육군이 중장기적으로 해결하고 변화에 적응할 수 있을 만큼 충분히 유사하다고 가정한다고 밝히고 있다. 따라서 The U.S. Army in Multi-Domain Operations 2028는 교착 상태[52]를 조성하기 위한 중국과 러시아의 접근 방식을 모두 설명하면서도 기술 및 전술적 목적(technical and tactical purposes)을 위해 러시아를 현재 새로운 위협으로 간주하고 러시아와 중국을 다음과 같이 평가하고 있다.

---

52. stand-off: The physical, cognitive, and informational separation that enables freedom of action in any, some, or all domains, the electromagnetic spectrum, and information environment to achieve strategic and/or operational objectives before an adversary can adequately respond. It is achieved with both political and military capabilities.

1. 러시아는 단기적으로 미국과 그 동맹국에 군사적으로 도전하기 위한 의도와 체계 및 개념의 가장 효과적인 조합을 보여주었다. 조지아, 우크라이나, 시리아에서 러시아의 활동은 미국과 파트너 사이의 관계를 단절시키려는 의도와 무력 분쟁의 문턱 아래에서 전략적 목표를 추구할 수 있는 능력을 보여주었다. 러시아는 비정규전[53]과 정보전[54]을 사용하여 모호함을 유발하고 적(미국과 미국의 동맹국)의 반응을 지연시키는 기법을 전파해왔다. 지난 10년 동안 러시아는 접근 금지 및 영역 거부 기능과 체계에 대한 투자를 확대해 합동 전력이 경쟁 지역에 진입하는 것을 거부하고 변경된 형상을 '기정사실화하는'(a fait accompli) 형식의 공격을 위한 조건을 설정해왔다.[55]

2. 중국은 장차 미국의 가장 강력한 경쟁자가 될 수 있는 비전과 전략에 깊이가 있다. 러시아와 달리 중국은 독립적인 전자 산업 및 세계 최고의 인공지능 개발 프로세스와 같은 경제 및 기술

---

53. unconventional warfare: Activities conducted to enable a resistance movement or insurgency to coerce, disrupt, or overthrow a government or occupying power by operating through or with an underground, auxiliary, and guerrilla force in a denied area. Also called UW

54. information warfare: Employing information capabilities in a deliberate disinformation campaign supported by actions of the intelligence organizations designed to confuse the enemy and achieve strategic objectives at minimal cost

55. 이러한 방식은 2014년 크림반도 병합 이래 러시아의 특징적인 행태이며 최근 우크라이나 침공에서도 우크라이나 도네츠크, 루한스크, 헤르손, 자포리자 지역을 점령한 뒤 '주민 투표를 통해' 합병하는 절차를 거친 것과 같은 맥락에서 이해할 수 있다.

민주국가의 보이지 않는 전장

기반을 보유하고 있어 향후 10~15년 내에 현재 러시아가 보유한 체계의 우위를 능가할 것으로 전망된다. 중국은 전 세계적으로 전력을 투사하기 위해 세계적 수준의 군대를 빠르게 구축하고 있다. 미래에 중국은 합동군의 개념으로 측정되는 위협이 될 것이다. 이 가정과 관련해 중국이 역량 개발을 가속화할 경우 중국의 위협은 개념적으로 적응할 수 있는 능력을 보장하기 위해 지속적으로 평가될 것이다.

또한 중국과 러시아가 정치적, 군사적 교착상태를 만들려는 시도는 모든 영역, 전자기파, 정보 환경을 지배하는 합동 전력의 능력에 도전하는 것이다. 교착 상태를 만들려는 시도가 성공한다면 이러한 교착 상태는 동급에 가까워지는 경쟁자들에게 미국과 미국의 동맹국들을 희생시키면서 목표 달성을 추구할 수 있는 전략적 행동의 자유를 부여하는 효과가 있다고 평가된다.

한편, 러시아, 중국의 제휴국과 러시아, 중국과 공조하는 비국가 행위자들은 동맹국에 대한 미국의 안보 공약을 약화시킴으로써 점점 더 세계 질서에 도전할 것이며 정치, 사회적으로 취약한 균열이 있는 국가는 중국과 러시아의—미국의 결정적 반응을 촉발하지 않도록 계산된—무력 분쟁에서 배제된 공세적 작전의 주요 표적이 될 것이라고 예측하고 있다. 명백한 군사행동으로의 빠른 전환을 통해 상황을 악화시킬 수 있는 중국과 러시아의 능력은 미국과 파트너의 군대가 대응을 준비하기 전에 주도권을 잡고 유지할 수 있는 수단을 제공하고 있다는 사실에 주목하면서 이러한 새로운 작전 환경 내에서 중국과 러시아는 정치적, 군사적 차원에서 다양한 접근 금지 및 지역 거부 전략, 경쟁과 분쟁의 평면에서 교착상태를 야기하는 체계를 사용하고 있다는 것이다.

민주국가의 보이지 않는 전장

분열을 추구하는 전략

경쟁의 평면에서 러시아와 중국은 외교적, 경제적 수단, 비정규전, 정보전, 사회적 착취, 지역 내에서의 인종·민족 갈등의 조합을 활용하고 실제로 전통적인 군사력을 동원하거나 전통적인 군사력 사용을 위협함으로써 미국의 동맹국과 파트너들의 분열을 추구한다고 평가하고, 국가 및 동맹 내에서 불안정성을 야기해 전략적 모호성(strategic ambiguity)을 초래하는 정치적 분열을 초래하고 우호적인 인식, 결정 및 반응의 속도를 감소시킬 것이라고 예상하고 있다. 또한 무력 분쟁 시 중국과 러시아는 반접근 및 지역 거부 시스템을 사용하여 합동군의 시간, 공간 및 기능을 분리하기 위한 전략적 및 작전적 교착 상태를 형성한다. 또한 무력 분쟁 시, 중국과 러시아는 합동 전력의 시간, 공간 및 기능적 분열을 목표로 반접근 및 지역 거부 체계를 활용해 전략 및 작전적 교착 상태를 형성할 것이라고 전망한다.

아울러 새로운 작전 환경과 위협으로 인해 전장에 대한 합동군의 현재 이해를 조정할 필요가 있다면서 적은 시간(국면), 영역, 지리(공간과 깊이), 행위자의 네 가지 방식으로 전장을 확장했다. 적은 '무력 분쟁 이하' 행동과 '분쟁' 사이의 구분을 모호하게 하여 미국이 전통적으로 '전쟁'으로 간주하는 요소들을 배제하고도 전략적 목표를 달성할 수 있게 됐다고 평가했다. 적은 우주, 사이버 공간, 전자전 및 정보[정보전(information warfare의 영역으로서의 information)]를 작전의 핵심 구성 요소로 만들어 전장을 확장했다는 것이다.

　　또한 잠재적인 적들은 적이 보유한 다영역에 걸친 능력의 효과가 지리적 및 시간적 제약을 덜 받는 이점을 활용하기 위해 전장을 '지리적으로' 확장했다면서 이로써 시간적 제약 조건을 제거하고 '접촉'을 형성할 수 있는 범위를 확장했다고 평가했다. 아울러 적은 목표를 추구하기 위해 대리자와 대리자를 포함하여 점점 더 많은 '비전통적인' 행위자에 의존할 것이라고 전망했다.

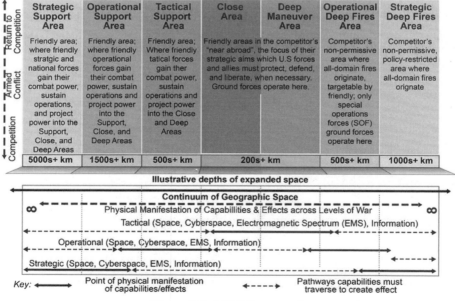

Figure 2-1. MDO framework

　　　　　　　　　민주국가의 보이지 않는 전장

The U.S. Army in Multi-Domain Operations 2028에 묘사된 프레임 워크는 지상전에서 다영역 작전이 고려해야 하는 활동, 공간, 거리 및 상호 관계의 폭을 담고 있다. 이 그림은 전체적으로 이 프레임워크를 사용하여 공간 안팎에서 아군의 행동과 적의 행동을 설명하고 있다. 한편, 한반도와 대한민국이 지상전으로서의 다영역 작전에서 경쟁국의 국경에 인접한 우호 지역으로 필요시 지상군 작전을 수행하는 공간이자 미군 전력과 동맹이 반 드시 지켜내고 해방시켜야 할 공간인 인접 지역(close area)에 해당한다는 것에도 주목할 필요가 있다.

무력 분쟁 이하의 경쟁 국면에서 러시아의 목표 달성

경쟁의 평면에서 러시아는 동맹국의 조율된 대응을 제한하고 목표 국가의 불안정을 야기하기 위해 미국과 우방국과의 정치적 분리를 시도한다. 이때 러시아는 전략적 목표를 달성하기 위해 국가 및 지역 수준의 능력, 정보전(소셜 미디어 등을 활용한 거짓 선전, 사이버 공격) 및 비정규전을 사용하여 조정된 작전을 실시한다. 러시아는 재래식 군대의 존재와 태세를 활용하여 이러한 노력을 적극적으로 지원하고 무력 분쟁으로 신속하게 전환할 수 있는 능력(예: 스냅 훈련)을 과시한다.[56]

이러한 태세는 합동 전략의 공중과 우주전에서 행동의 자유와 원정 기동 수행 능력을 위협하는 러시아에 확대 이점을 제공하고, 이들의 재래식 군대를 활용하여 적국을 충분히 위협할 수 있다. 이러한 경쟁적 활동을 통해 러시아는 미국과의 무력 분쟁 위험 없이 목표에 달성하는 것을 추구한다.

러시아가 보유한 국가 및 지구 수준의 기능과 능력은 미국 본토를 위험에 빠뜨리고 원정 작전을 위협할 수 있다. 러시아의 국가급 정보감시정찰

---

56. 이러한 활동은 러시아의 2022년 우크라이나 침공 직전의 대규모 동계 훈련이 대표적인 사례라 할 수 있다.

(ISR) 자산은 본부, 통신, 중요기반시설, 전력투사시설 등 고정기지에 대한 표적정보를 수집하고, 동맹국을 비롯해 예측 가능한 아군의 작전 패턴을 탐지할 수 있어 아군의 변화를 감시할 수 있다. 또한 아군의 준비태세를 감시하고 우주 기반 정찰, 특수작전부대(SOF) 및 동조자, 공개된 자료의 수집, 지상을 기반으로 하는 신호 수집 자산 등 이러한 센서들을 본부에 연결하는 통신 네트워크는 국가 및 군 수준에서 유지되는 가장 중요한 정보정찰감시 기능이다. 또한 광범위한 사이버 공간 공격을 포함해 핵과 기타 대량살상무기는 미국 본토, 동맹국 및 파트너의 군대를 위협한다.

러시아는 인접국, 지역 동맹국 및 미국 본토에 대해 능동적이고 지속적인 감시를 실시한다. 이러한 감시는 합동 전력에 대한 정보 수집 및 전송, 제공권 통제 및 유지, 전력 투사 시설 등 신속한 대응이 가능한 아군의 역량에 집중된다. 러시아의 이러한 감시활동은 탄도 미사일과 순항 미사일, 공세적 사이버 작전과 특수작전부대의 직접 행동팀을 활용한 장거리 공격을 가능하게 한다.

그리고 경쟁 평면에서 이러한 타격 능력은 러시아의 조건에 부합하도록 위기 수준을 조절함으로써 러시아의 정보 작전을 지원한다. 또한 국가 및 지역 수준의 ISR 기능을 통해 러시아는 경쟁 평면에서 공세 작전을 계속하는 데 필요한 전력 수준을 달성했는지 여부를 판단할 수 있으며 경쟁 평면에서 국가 및 지역 수준 자산에 의한 포괄적인 정보감시정찰은 재래식 군대가 무력 분쟁으로 빠르게 전환할 수 있도록 한다.

러시아의 특수작전부대와 지역 준군사 조직 및 활동가들은 목표 정부를 불안정하게 만들기 위해 특정 지역이나 인구에 대한 통제권을 분리하여 비정규전을 수행한다. 러시아의 비정규전 활동은 러시아의 대리인(괴뢰)과 활동가 네트워크가 테러, 전복, 불안정한 범죄 활동, 정찰, 정보전, 직접 행동 공격을 포함한 다양한 작전을 수행할 수 있도록 한다. 이러한 활동은 정보 작전에 물리적 지원으로 작용한다. 비정규전 능력은 정찰, 미국 동맹국의 영토 내에서 일부 지역과 주민에게 영향력을 행사하거나 통제할 수 있는 능력으로 재래식 군대를 지원한다.

러시아의 정보전은 왜곡된 정보를 창작하는 정보 서사(information narrative)와 이를 유통하는 정보전 능력으로 구성된다. 정보전은 러시아의 국가급 능력과 비정규전 및 재래전 활동과 함께 작동하고 이러한 요소의 지원을 받는다. 러시아는 정보전을 통해 국내·외에 있는 현재 진행 중인 무력 분쟁 이하의 경쟁 상황에 관심 있는 모든 사람에게 영향을 미치려고 한다.

정보전은 종종 다른 정찰, 비정규, 재래식 전쟁 활동을 지원하며 공세적인 사이버 능력을 사용하여 민관군의 지휘망을 비활성화하거나 감시 또는 도용하는 파괴적인 형태로 수행되기도 한다. 점점 더 보편화되고 있는 정보

전쟁의 형태는 사람들을 혼란스럽게 하거나 적의 의도에서 주의를 돌리기 위해 순진한 시민들에게 소셜 미디어 또는 기타 수단을 통해 혼란 증폭시키기 위해 돈을 받고 활동하는 사람인 '트롤'이나 자동화된 '봇'이 조작된 이야기를 퍼붓는 '거짓의 소방호스'이다. 이러한 형태의 정보전은 정치적 인정, 결정 및 반응을 막거나 지연시키는 모호성을 형성해낸다.

러시아는 합동 전력과 그 파트너들에 대해 전력상 우위를 달성하기 위해 경쟁 평면에서 재래식 전력을 배치한다. 훈련과 시현, '스냅 훈련'은 전력 준비 태세를 갖추는 것일 뿐 아니라 러시아가 보유한 국가 및 지구 수준의 정보감시정찰을 통해 수집·분석할 수 있는 아군의 대응 패턴을 유도한다. 러시아의 재래식 전력은 제한된 경고와 함께 변경된 현상을 기정사실화하는 공격을 수행할 수 있는 입증된 능력을 보유하고 있다. 러시아의 지대지 미사일, 장거리 지대공 미사일(SAM), 대우주, 연합 지상 전력은 합동 전력이 효과적으로 대응하기 전 미국의 파트너를 물리적으로 격리하고 전방에 배치된 방어 전력을 파괴할 수 있다.

이러한 지역적 군사적 우세는 직접적인 방법과 간접적인 방식으로 설명될 수 있다. 직접적으로는 은밀한 지원을 통해 비정규전을 지원 가능한 재래식 전력의 위력과 태세를 갖추고 러시아 군사력에 대한 정보작업에 사용하기 위해 날조된 내용을 담은 정보 서사를 지원하거나 확전을 위협함으로써 우군의 대응을 제한하는 이점이 있고, 간접적으로는 비정규전을 지원한다.

요약하자면 경쟁의 평면에서 러시아 작전의 중점은 정보전, 비정규전, 재래식 전력의 긴밀한 통합이다. 조율된 방식으로 모든 요소를 사용할 수 있는 능력은 우군의 대응이 러시아군의 더 강력한 대응을 부르는 악순환의 위험에 빠뜨릴 수 있다는 확전 위협의 이점을 러시아에 제공한다. 경쟁 평면에서 가장 극단적인 위기의 고조는 무력 충돌로의 전환이며, 이는 재래식 군대로 변경된 현상을 기정사실화하는 공격을 수행할 수 있는 능력을 가진 러시아에 유리하다. 기정사실을 달성할 수 있는 입증된 능력은 신뢰성을 제공하기 때문이다.

러시아가 정보 서사에 정보전, 비정규전, 재래식 및 핵무력을 결합할 수 있다는 점은 미국과의 무력 충돌을 배제한 채 러시아가 전략적 목표를 확보할 수 있는 정치적, 군사적 교착 상태를 제공한다. 그러나 그 자체로 러시아의 모든 전략적 목표를 달성하기에는 불충분하며 재래식 군대가 제공하는 위기 고조 위협의 이점은 정보전과 비정규전을 보완하여 러시아가 경쟁의 평면에서 주도권을 유지할 수 있도록 한다.

다음 이미지는 앞의 설명을 도해한 것이다.

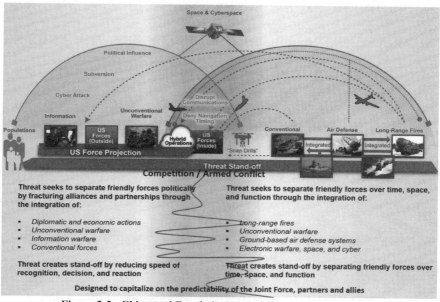

의 캡션:

Figure 2-2. China and Russia in competition and armed conflict

한편, 미 공군은 USAF & USSF, DAF role in JADO AFDP 3-99 November 2021[57]에서 전영역 작전과 관련한 다양한 개념을 정의하고 있다.

즉 ① 영역(Domain)을 "전력이 합동 기능을 수행할 수 있는 공통적이고 뚜렷한 특징을 가진 활동 또는 영향력의 영역"으로, ② 결정 우위(Decision Advantage)를 "우위를 확보하기 위한 지속적인 이해능력, 정보를 확신하고 교환할 수 있는 능력, 모든 영역에서의 우위를 유지함으

---

57. 미공군부는 미국방부 지시서인 Functions of the Department of Defense and Its Major Components 2020 sep. 17.이 발행된 이후인 2021년 11월, 미공군과 미우주군에 적용되는 DAF role in JADO AFDP 3-99를 발행하였다. 이는 미공군부 차원에서 All Domain Operations와 관련해 최초로 확정한 교리로 그 대상은 Multi Domain Operations와 사실상 차이가 없는 것으로 판단된다.

로써 결심과 결심을 공유할 수 있는 능력"으로, ③ 합동 전영역 작전 JADO(Joint All-Domain Operations)을 "공중, 지상, 해상, 사이버 공간 및 우주 영역과 전자기파를 비롯한 여러 영역에서 필요한 속도와 규모로 계획에 통합하고 실행에 동기화된 합동군에 의한 행동"으로, ④ 합동 전 영역 지휘통신[Joint All-Domain Command and Control(JADC2)]을 "경쟁(competition)과 분쟁(armed conflict) 모든 평면에서 작전 파트너와 작전, 정보의 우위를 달성하기 위해 전 영역에서 행동과 영향력을 신속하게 전환하는 결정의 기술과 과학"으로, ⑤ 정보 우위(Information Advantage)를 "전 영역 작전을 지원하는 상대적 우위의 결과, 정보능력과 영향력의 응용을 통해 달성되는 지휘관의 목표 달성에 우호적인 정보 환경의 조건으로 적의 수행 능력을 대상으로 하는 것을 포함하는 것"으로 정의하고 있다.

또한 연속 지역(Continuum Region)을 협조, 경쟁, 무력 분쟁 지역으로 나누고 합동 전 영역 작전과 활동, 투입의 상세를, 협조 지역에서는 파트너 국가 시설의 상호 이용 증대, 전 영역에 대한 전 지구적인 도달 가능성과 접근성, 군사력의 신속한 투사를 위한 획득과 유지, 위기상황에서 상호 지원의 증대에 대한 협력적 동의 확대의 공고화를, 경쟁 지역에서는 유연한 억지 수단을 통한 전 영역 접근, 유해한 영향력에 대한 노출과 반격, 전 세계인의 해당 지역에 대한 접근과 이동의 자유를 유지하는 것을, 무력 분쟁 지역에서는 정보 우위의 확보, 전 지구적 전투·전력 투사, 전 영역에서의 전구 접근 및 접근 유지를 위한 통합되고 동기화된 행동, 미래 작전 수행을 위한 예비전력을 설정하고 있다.

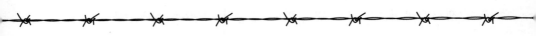

4장

모자이크전

2017년 전후, 미 방위고등연구계획국(Defense Advanced Research Projects Agency, DARPA)은 새로운 전쟁수행 방식을 '모자이크전'이라는 이름으로 제시한 이래 이러한 전쟁수행 방식의 효과와 적용, 전술한 다영역 전투와의 관계에 관해 지속적인 검토 및 개념적 발전을 이루어 왔다.[58] 여기에서는 모자이크 전쟁의 등장 배경과 개념과 의의를 간략하게 소개하고자 한다.

1991년 사막의 폭풍 작전 이후 미국의 적대국들은 체계적으로 미국의 전쟁 방식을 지켜보며 미군의 장점과 이러한 이점을 잠식하기 위한 방법과 전략, 체계를 개발해 미군의 취약점을 활용하고 있다. 특히 중국은 미국의 전통적인 전쟁방식에 타격을 줄 체계전(시스템 전, systems

---

58.   박지훈 외, 「모자이크전(Mosaic Warfare) 개념과 시사점」, 『국방논단』, 제1818호 2020. 9.; 장진오 외, 「미래전을 대비한 한국군의 발전방향 제언: 미국의 모자이크전 수행 개념 고찰을 통하여」, 『해양안보』 1, 2020.

warfare)[59]전략을 신중하게 설계해 왔다. 이는 전투 지역에 대한 미국의 물리적 접근과 기동 능력을 무력화한다.

취약점 식별을 통한 시스템 대결

또한 국방전략서의 저자 중 한 명인 Elbridge A. Colby는 중국이 전략적 수준의 효과를 달성하기 위해 이를 사용하려고 하며 이는 미국 작전의 가장 중요한 요소를 비효율적으로 만든다고 밝혔다. 중국 학자 M. Taylor Fravel은 "1990년대를 통틀어 특히 90년대 후반에는 미국에 대한 중국의 집중적인 연구는 미국을 따라 하기 위한 것뿐 아니라 활용할 수 있는 미국의 취약점을 식별하는 것이었다"고 평가한다.[60]

Colby의 지적처럼 중국의 반접근 지역거부 전략은 단지 통합 방공 체계가 아니라 시스템으로서의 미군 전력을 겨냥해 패배시키는 더 큰 전략의

---

59. systems warfare: a theory of warfare that does not rely on attrition or maneuver to achieve advantage and victory over the adversary. Instead, systems warfare targets critical points in an adversary's system to collapse its functionality and render it unable to prosecute attack or defend itself. A major objective of this approach is to maximize desired strategic returns per application of force(achieve best value).

60. Lt. Gen. David A. Deptula USAF (Ret.) et al, "Mosaic Warfare. warfare" Air & Space Force Magazine Nov. 1, 2019. / https://www.airandspaceforces.com/article/mosaic-warfare(2023. 1. 15.)

중요한 부분이다. 랜드 연구소 분석가인 Jeffrey Engstrom은 이 전략을 시스템 대결(system confrontation)이라고 명명하고 이러한 전승이론을 시스템 파괴전(system destruction warfare)이라고 부른다. Jeffrey Engstrom은 전투 작전에서 중국군 기획자는 특히 적의 작전 시스템을 마비시키려고 시도할 때 물리적 또는 비물리적 공격을 통해 적의 정보, 고가치자산, 작전, 국면 전환 속도라는 네 가지 유형의 목표를 공격하는 것을 의도할 것이라고 지적한다.[61]

사실 이러한 평가는 미해군이 2010년대 초 제시한 해·공군이 가담하는 공해전투(AirSea Battle) 전략의 매우 공세적인 내용을 떠올리면 의아해 보인다.[62] 지난 10여 년 사이 중국의 군사력은 소극적으로 미국의 군사적 대응을 거부하는 것을 넘어 미국의 군사력을 체계적으로 파괴할 수 있는 수준에 이르렀기 때문이다.

---

61. 각주 60과 같음.

62. CSBA, "Air Sea Battle A Point-of-Departure Operational Concept", 2010. https://csbaonline.org/uploads/documents/2010.05.18-AirSea-Battle.pdf(2023. 1. 14.)

민주국가의 보이지 않는 전장

CSBA, 미군이 우위를 유지하지 못할 수 있다

비영리 민간 싱크탱크인 전략예산평가센터(CSBA)는 "미국은 점점 더 중국군과의 장기적인 경쟁에 참여하고 있고 미국의 국방 지도자들과 전문가들은 중국과 러시아 연방에 비해 미군이 기술적으로나 작전상으로 뒤처지고 있다"고 지적했다. 한편, 미국방부는 군사적 우위를 되찾기 위해 국방부는 새로운 방어 전략을 추구하고 있다. 국방력을 재구성하고 미군의 능력을 향상시키기 위해 고안된 작전 개념을 통해 공중, 육지, 바다, 우주 및 사이버 공간 영역 간의 더 나은 통합 활동을 구상하고 이러한 새로운 접근 방식의 구현을 위해 미국 정부와 국방부는 2차 세계대전 이후 볼 수 없었던 수준으로 연구 개발(R&D) 지출을 증가시켰다고 지적하면서도 이러한 노력에도 불구하고 미군은 우위를 획득하고 유지하지 못할 수 있다고 평가했다.[63]

또한 스텔스 전투기, 정밀유도무기, 장거리통신 네트워크와 같은 기술적 우위가 잠재 적국으로 확산되었고 냉전 이후 특히 90년대 후반 미국이 개입한 코소보전, 이라크전, 아프가니스탄전을 잠재적인 적국이 관찰하고

---

63. CSBA, MOSAIC WARFARE -EXPLOITING ARTIFICIAL INTELLIGENCE AND EXPLOITING ARTIFICIAL INTELLIGENCE AND AUTONOMOUS SYSTEMS TO IMPLEMENT AUTONOMOUS SYSTEMS TO IMPLEMENT DECISION-CENTRIC OPERATIONS, 2020. / https://csbaonline.org/uploads/documents/Mosaic_Warfare.pdf(2023. 1. 15.)

미군의 작전에 적응하게 되면서 미국의 우위는 미래에 협소하고 일시적인 것으로 전락할 수 있다고 평가했다.[64]

CSBA에 따르면 이러한 상황에서 미군이 직면한 가장 근본적인 도전은 지리적 불리함(geostrategic disadvantage), 즉 적대국이 누리고 있는 역내의 이점('home field' advantage)이다. 러시아와 중국은 잠재적 군사 목표에 근접해 있다. 예를 들어 중국은 대만, 러시아는 발트해 연안 국가(최근 침공한 우크라이나와는 국경을 면하고 있고 같은 흑해연안 국가이기도 하다)이고 중국과 러시아는 이러한 근접성을 이용하여 영토 확장에 초점을 맞춘 전략을 추구해왔다. 중국과 러시아는 군사력을 현지에 집중하여 지역에 영향을 미치고 있다. 이들 국가는 군사 배치를 현지에 집중하고 감시체계를 구축해 미군과 동맹군을 감시하는 한편 자국 영토 내에 수백 km 밖에서 공격할 수 있는 정밀무기 네트워크를 갖추고 있다. 이를 통해 지역 군사적 우위를 확립하고 미국과 연합군의 개입을 지연시키면 중국과 러시아는 급속한 침략과 점령 후에 이를 국제사회에 기정사실로 제시한다. 중국과 러시아 정부는 미국의 동맹국을 포함한 국가와의 관계에서 추가적인 이득을 이용해 이런 잠재된 위협에 악용할 수 있다.[65]

---

64. 각주 63과 같음.

65. 각주 63과 같음.

이처럼 중국과 러시아가 누리는 지정학적 이점 때문에 미군은 억지와 전투를 위한 새로운 전략이 필요해졌다. 냉전 종식 이후 미국은 사실상 이라크, 이란, 북한과 같은 지역 강대국들을 침략해 전복하거나 정부를 전복할 수 있는 잠재력을 이용해 위협함으로써 효과적으로 억지해왔다. 이런 접근 방식은 사막의 폭풍 작전과 이라크의 자유 작전, 아프가니스탄에 대한 항구적 자유 작전에 사용되었고 북한의 위협을 패배시키기 위한 접근 방식으로도 논의되었다.[66]

---

66. 각주 63과 같음.

충분한 전력을 준비시킬 수 없어졌다

그러나 오늘날, 이라크의 쿠웨이트 침공이나 9·11 테러와 같이 제한된 목표가 달성된 후에만 미군이 대응한다는 위협은 중국이나 러시아의 침략을 억지할 것으로 평가되지 않는다. 이제 러시아나 중국의 급속한 침략이나 점령은 성공적인 결과로 이어질 것이며 이러한 결과를 되돌리려면 미군이 배치되어야 한다는 것이다. 그러나 이제 미국과 연합군이 사막의 폭풍작전을 준비하기 위해 시도한 전력의 집중을 사우디아라비아와 같은 인접국에서 안전하게 동원할 수 없을 것이며 적의 정밀무기 위협 아래에서 시도해야 한다는 차이점이 있다.

미군을 공격할 적의 센서, 네트워크와 무기를 억제하기 위한 광범위한 작전을 실행한 뒤에야 비로소 전구(theater of war) 내에서 미군을 방어하고 적군을 소모시키기에 충분한 규모의 반격을 할 수 있을 것이다. 이로 인한 강대국(미, 러, 중) 간의 분쟁은 경제를 파괴하고 상당한 사상자를 야기하며 심지어 핵대결로 확전될 수도 있다. 이러한 요인으로 인해 미국의 동맹국과 파트너의 작전에 대한 미국의 외교적 또는 군사적 지원이 감소할 가능성이 있다.[67] 2017년 미국 국가안보전략과 2018년 국방전략은

---

67. 각주 63과 같음.

미국, 러시아, 중국 간의 경쟁이 장기적으로 지속될 것이라고 가정한 바 있다. 이러한 경쟁에서 러시아와 중국이 달성하려는 목표는 군사, 경제, 정보, 외교적 조치의 결합을 통해 정치적 목표를 달성하는 것이다. 다만 중국과 러시아는 적의 즉각적인 항복이나 현상 유지를 급격히 변경할 수 있다고 기대하지는 않는 것으로 보인다.[68]

---

68. 각주 63과 같음.

장기적으로 소규모 전투와 정보작전의 조합이 강조된다

미군과 같이 소모 중심 전쟁, 특히 고강도 전투에 최적화된 부대는 잠재적으로 유지하기에 너무 비용이 많이 들고 장기적인 경쟁에 적합하지 않다.[69] 소모전은 갈등이 점진적으로 전쟁으로 격화되고 전투원은 소모 수준이 지속적인 작전을 방해할 때까지 계속 싸울 것이라고 암묵적으로 가정한다. 러시아와 중국의 회색지대 전술 사용이 증가하는 것에서 알 수 있듯이 이들 국가는 소규모 전통적 전투와 정보 작전의 조합을 사용하여 장기적으로 점진적인 결과를 달성하는 데 만족하는 것으로 판단된다. 이들은 공격 행위가 지연되거나 악화되면 평판이 나빠질 위험을 피하기 위해 출구를 찾거나 단순히 작전을 일시 중지할 수도 있다. 회색지대 전술의 사용은 부분적으로 미국과 연합군의 기존 우월성에 대한 대응일 수 있다. 그러나 미군과 같이 소모전을 위해 설계된 부대를 유지하는 것은 장기적으로 많은 비용을 필요로 한다. 중국과 러시아가 구사하는 회색지대 전술의 성공 사례들은 소모 중심 부대에 대한 투자가 중국과 러시아가 목표를 달성하는 데 방해가 되지 않는다는 것을 시사한다.[70]

논란의 여지는 있지만 소모 중심 역량은 비용을 절감하기 위해 비축하

---

69. 한국 역시 상비군과 예비군을 유지해 대표적인 고강도 분쟁인 대규모 정규전에 대비하는 대비태세를 유지하고 있는 대표적인 국가라는 점에 유의할 필요가 있다.

70. 각주 63과 같음.

거나 낮은 수준의 준비 상태로 유지하다 강대국 전쟁의 위협이 발생할 때 동원될 수도 있다. 그러나 이러한 접근 방식은 당장 사용하지 않는 무장과 각종 시스템의 유지 관리가 부실해지고 운용자와 병력의 숙련도가 감소하면 문제가 발생한다. 또한 상대가 분쟁 지역에 근접한 지리적 이점이 있는 중국, 러시아, 이란 또는 북한과의 대결에서 실제로 전력을 동원해 임전 태세를 갖추는 데 많은 시간이 걸리는 문제점도 있다.

적의 의사결정을 압도해 우위를 점유하라

반면 기동전(maneuver warfare) 개념은 더 작고 저렴한 무기와 장비를 사용하고 속도나 화력보다는 여러 딜레마와 복잡성을 제공함으로써 적의 의사 결정을 압도하는 방식을 사용한다.[71]

결론적으로 이러한 지리적, 재정적, 전력 설계[72] 상의 도전들은 중국, 러시아 같은 강대국가 지역 패권국가와의 경쟁에서 미국이 장기적인 경쟁에서 지속적인 우위를 획득하지 못하도록 할 가능성이 높다.[73]

사실 이러한 문제 인식은 특히 예산상의 제약에 대한 부분을 제외하면 다영역 작전이 가정하고 있는 전장 환경의 변화와 큰 차이가 없다. 그러나 역시 매년 막대한 예산을 소모전에 대비하는 데 투입하고 있지만 막대한 예산과 '국민의 청년기'를 투입해 유지되는 국군의 방위 능력의 효능과 신뢰가 전혀 높지 않은 것이 현실[74]이라는 점, 중국과 러시아가 누리고 있는 역내의 이점('home field' advantage)을 북한 역시 누리고 있고 소규모의

---

71. 각주 63과 같음.

72. force design: overarching principles that guide and connect a military's theory of warfare and victory, its doctrine, operational concepts, force structure, capabilities, and other enterprise functions.

73. 각주 63과 같음.

74. "전쟁 나면 대한민국 군대 믿을 수 있겠냐"는 尹 [여기는 대통령실], 한국경제 / https://v.daum.net/v/20230106135802446(2023. 1. 6.)

전통적 전투(천안함 피격, 연평도 포격, 발목지뢰 매복 도발, 서부전선 포격, 윤석열 정부 들어 반복되고 있는 판문점 군사합의를 위반한 포격훈련과 무인기 영공 침범 등이 대표적인 사례다)와 정보 작전의 조합을 사용하여 장기적으로 점진적인 결과를 달성하려는 전술을 북한 역시 구사하는 것으로 보이는 점, 북한 역시 중국, 러시아와 마찬가지로 군사, 경제, 정보, 외교적 조치의 결합을 통해 정치적 목표를 달성하는 것을 목표로 하는 것으로 보인다는 점에서 시사점이 있으며 참고할 만한 부분이 많다.

모자이크전에서 제시되는 모자이크는 '표준화된 타일'로 임무수행 중 자원을 재구성할 수 있어 위협과 환경에 대한 동적 적응력이 뛰어나고 확장성이 매우 뛰어난 것이 주요한 이점이다.[75]

---

75. 박지훈 외, "모자이크전(Mosaic Warfare), 개념과 시사점" 국방논단 제1818호 2020. 9., CSBA, MOSAIC WARFARE -EXPLOITING ARTIFICIAL INTELLIGENCE AND EXPLOITING ARTIFICIAL INTELLIGENCE AND AUTONOMOUS SYSTEMS TO IMPLEMENT AUTONOMOUS SYSTEMS TO IMPLEMENT DECISION-CENTRIC OPERATIONS, 2020. / https://csbaonline.org/uploads/documents/Mosaic_Warfare.pdf(2023. 1. 15.)

의사결정 중심전 vs 네트워크 중심전

모자이크전에서 제시되는 모자이크는 의사결정 중심전(decision centric warfare)을 위한 유닛(unit)의 성질이라고 할 수 있다. 의사결정 중심전은 미군 지휘관들이 더 빠르고 효과적인 결정을 내릴 수 있는 반면 적 의사 결정의 질과 속도를 떨어뜨리는 것을 목표로 한다. 의사결정 중심전은 의사결정의 중앙집중화를 통해 미군의 의사결정을 향상시키려 했던 기존의 네트워크 중심전(NCW)과는 확연히 구별된다.

네트워크 중심 전쟁은 자유로운 상황 인식 능력을 갖춘 전구(戰區) 지휘관에 의존한다. 넓은 지역에 대한 능력, 전구 지휘관의 지휘 하에 있는 모든 부대와 통신할 수 있는 능력이 요구되며 또 가정되지만 이제 중앙 집중식 의사 결정은 가능하지도 바람직하지도 않은 상황이 됐다. 적의 전자전 능력, 지휘통신정보감시정찰(C2ISR) 교란 능력은 미군 지휘관이 전구를 이해하거나 의사소통하는 능력을 감소시킬 것이고 이러한 상황은 미군 전구 지휘관이 전구 상황을 인식해 대규모 미군 전력에 대한 통제권을 행사하는 것을 어렵게 할 것이기 때문이다.[76]

---

76. 각주 75와 같음.

즉 시스템의 시스템(system of systems)에 의존하는 전쟁 방식인 네트워크 중심전은 높은 수준의 명확성과 통제를 가정하지만, 의사결정 중심전은 군사적 갈등에 내재된 '전장의 안개'의 존재를 인정한다. 중국과 러시아의 정보감시정찰능력과 전자전능력이 급격히 향상하고 있는 현실을 반영한 것이기도 하다. 의사결정 중심전은 분산된 군사력을 활용하며 전력의 분산, 동적 구성 및 재구성, 전자적 방출 감소, C2ISR 대응 조치를 통해 적 의사결정의 복잡성과 불확실성을 가중함으로써 미군의 적응성과 생존성을 향상시킨다.[77]

---

77. 각주 75와 같음.

인공지능 도입이 큰 역할

이처럼 전력의 분산, 동적인 네트워크의 구성과 재구성을 가능하게 하는 가장 큰 요소는 신속한 의사결정을 가능하게 하는 인공지능 등 기계적 능력이라고 할 수 있다. 인공지능의 도입은 다영역 작전과 비교해 모자이크전의 가장 큰 차이점이기도 하다. 의사결정중심전은 의사결정 과정에서 인공지능과 자율 체계를 활용하여 적이 대응할 수 없을 만큼 다수의, 융통성 있는 '독립적인' 킬 체인(kill chain)[78]을 구성해 적의 의사결정 체계를 붕괴시키는 것을 특징으로 하기 때문이다.[79] 즉 의사결정 중심전에서 지휘[80]는 인간이 임무를 식별하고 통제[81]는 기계(인공지능) 등의 도움을 받아 가장 많은 선택지를 제시함으로써 수행되며 이러한 옵션은 유·무인 전력으로 구성된 제대 중 임무 수행에 최적화된 제대의 자율적 활동으로 실시되기 때문이다.[82]

---

78. 이 킬 체인은 군사 표적을 탐지부터 파괴시키는 데까지의 연속적이고 순환적인 처리과정상의 관련된 네트워크 구조 또는 연결을 의미한다. (박지훈 외, "모자이크전(Mosaic Warfare), 개념과 시사점 국방논단 제1818호 2020. 9.) 킬 체인은 표적에 대한 관찰-동향-결정-행위 주기(OODA loop)의 환류로 구성된다.

79. 각주 75와 같음.

80. 지휘(command): 임무 달성을 위해 자원을 효과적으로 이용, 군사력을 행사하는 기능

81. 통제(control): 지휘에 있어서 계획 실행에 필요한 물자, 시간, 장소를 평가 배분하고 작전 행동을 감시함으로써 지휘관의 기도를 달성하기 위해 부하의 행동을 합리적 효율적 측면에서 감독하는 기능

82. 각주 63과 같음.

이를 MOSAIC WARFARE —EXPLOITING ARTIFICIAL INTELLIGENCE AND EXPLOITING ARTIFICIAL INTELLIGENCE AND AUTONOMOUS SYSTEMS TO IMPLEMENT AUTONOMOUS SYSTEMS TO IMPLEMENT DECISION—CENTRIC OPERATIONS 에서는 다음과 같은 그림으로 개념화하고 있다.

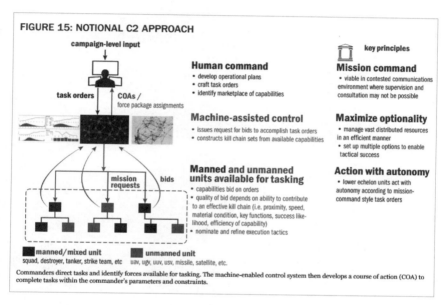

[그림 6] 국가 C2 접근법

CSBA는 미 국방부가 오늘날의 단일체인 다중 임무 제대의 일부를 더 적은 기능으로 더 많은 수의 더 작은 요소로 분해함으로써 의사 결정 및 정보 우위를 더 효과적으로 달성할 수 있을 것이라고 제안한다. 예를 들어, 호위함과 몇 척의 무인 수상함은 구축함 3척으로 구성된 전투 전대를 대체할 수 있으며, 전투기가 수행하는 공중작전의 일부는 원거리 미사일과 센서, 센서와 전자전 능력을 갖춘 UAV로 대체할 수 있다. 지상군에서는 대규모 제대에 의존하기보다는 자체 방위능력과 정보감시정찰ISR 및 군수능력이 향상된 무인차량UGV, 무인항공기UAV를 갖춘 중소규모 제대를 증가시킬 수 있다고 제안한다.[83]

---

83. 각주 63과 같음.

중국의 도전과 한반도 안보

한편, 모자이크전과 유사하게 AI를 의사결정 과정에 활용하려는 노력은 중국 역시 마찬가지이다. 중국 연구진이 인공지능(AI)을 통해 마하 11의 속도를 내는 극초음속 비행기가 참여하는 공중전 시뮬레이션을 처음으로 실시했으며, 적을 이기는 놀라운 전술을 끌어냈다고 주장했다. 2023년 2월 28일 홍콩 사우스차이나모닝포스트(SCMP)는 난징항공항천대 연구진이 2023년 1월 베이징항공항천대 저널에 발표한 논문에서 AI 컴퓨터 시뮬레이션에서 극초음속 비행기가 미군 F-35 전투기의 최고 속도에 근접한 마하 1.3으로 비행하는 적의 전투기와 맞닥뜨리자, 극초음속 비행기 조종사에게 적기를 격추하라는 명령을 내렸고, AI의 지시를 받은 극초음속 비행기 조종사는 적기의 30㎞ 앞쪽인, 예상하지 못한 위치로 날아가 적을 향해 뒤편을 향해 미사일을 발사했다고 보도했다. 발사된 미사일은 마하 11의 속도로 적기를 타격했고 8초도 안 돼 전투를 끝내버렸다고 한다. 중국 연구진은 이러한 '직관에 반하는' 접근은 조종사에게 가장 낮은 위험으로 가장 긴 살상 범위를 제공한다고 평가했다.[84]

이러한 모자이크전, 의사결정 중심전의 개념은 다영역 전투에 비해 상

---

84. [영상] 'AI가 지휘하니'… "중 극초음속 전투기, 8초 만에 F-35 격추", 연합뉴스, 2023. 3. 2.

대적으로 특히 무장 분쟁(armed conflict)에 초점을 맞추는 특징이 있다. 그러나 무장 분쟁에서 우위를 달성하는 것은 억지력을 발휘하는 데 있어 가장 중요한 요소 중 하나라는 점에서 주목해야 할 필요가 있다. 또한 경쟁 평면에서 러시아, 중국이 '재래식 군대가 제공하는 위기 고조 위협의 이점'을 활용해 확전의 위협과 정보 서사를 구사한다는 점에서 중국의 인접국인 우리로서는 무장 분쟁에서 우위를 달성할 수 있는 방책의 관심을 가질 필요가 있다.

특히 병력 자원이 지속적으로 감소하고 징병 자원의 군사 자원으로서의 질적 수준이 하락하고 있는 상황에서 유무인 복합 제대 운용을 확대할 필요성은 매우 크기 때문이다. 국방부는 2023년 3월 3일 윤석열 대통령으로부터 이런 내용을 골자로 하는 '국방혁신 4.0 기본계획'을 재가받았으며 이 계획에 따르면 모자이크전의 핵심 개념인 '킬웹(Kill Web)' 개념을 적용해 북한의 핵·미사일 체계를 발사 전·후 교란 및 파괴할 수 있도록 작전개념을 발전시키기로 했다고 밝혔다.[85]

---

85. 北 핵미사일 타격 AI가 보좌·로봇인간 복합 경계···국방혁신 4.0, 연합뉴스, 2023. 3. 3.

5장 사이버전

　사이버전[86]은 인터넷을 통한 가상현실 세계에서 다양한 공격 수단을 이용하여 적의 정보체계를 교란, 거부, 통제, 파괴하는 등의 공격과 이를 방어하는 수단을 의미한다. 사이버 공간은 육·해·공 우주 영역과 달리 인위적으로 만들어진 영역(domain)으로 물리적으로 구별되지 않고 육·해·공 우주 영역과 같이 독립적으로 구성되어 있지 않다. 사이버 공간 내의 활동은 다른 영역에서의 활동보다 자유롭고 육·해·공 우주 영역에서의 활동을 연결해주는 매개체이기도 하다. 한국 국방부는 사이버전을 "사이버 공간에서 일어나는 새로운 형태의 전쟁수단으로서 컴퓨터 시스템 및 데이터 통신망을 교란, 마비, 무력화함으로써 적의 사이버 체계를 파괴하고 아군의 사이버체계를 보호하는 것"으로 정의하고 있다.

86.　김호길 외, 『사이버 전자전』, 황금소나무, 2022

사이버전의 세 계층

한편 미군 합동참모본부는 2018년 간행한 Cyberspace Operations(Joint Publication 3-12)에서 사이버 공간을 물리/논리 네트워크, 사이버 공간상의 가상 인물이 서로 연계돼 있는 3개의 계층으로 제시하고 있다.

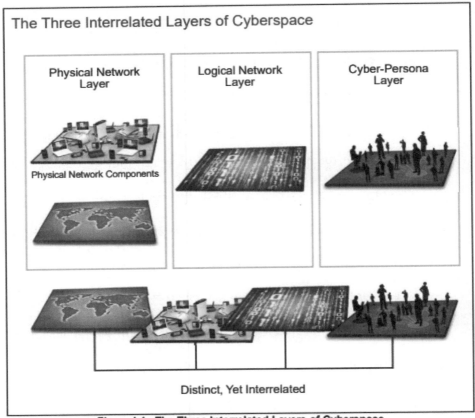

Figure I-1. The Three Interrelated Layers of Cyberspace

[그림 7] 사이버 공간의 3개 상호 연결계층

민주국가의 보이지 않는 전장

물리 계층(Physical Network Layer)은 실제 데이터가 저장되어 있는 장소, 데이터를 전송하는 연결을 포함하는 네트워크로 구성된 요소 사이에 사이버 공간에서의 정보를 저장, 전송 및 처리하는 IT 인프라 및 기기로 구성된다. 이를 방어하기 위해서는 물리적 손상, 비인가 접근에서 네트워크 및 기기를 물리적으로 보호하기 위한 방책이 필요하다.

논리 계층(Logial Network Layer)은 프로그램을 기반으로 물리적으로 구성돼 있는 네트워크 장비들이 작동할 수 있도록 서로 관련된 네트워크 요소에 데이터가 교환, 처리될 수 있도록 하는 기술 계층이다. 인터넷 프로토콜을 통해 대상 장비의 논리적 위치를 설정하고 물리 계층에서는 서버와 네트워크 장비가 논리 계층에서는 월드와이드웹 상에서 단일한 URL(uniform resource locator)로 표현된다. 이 논리 계층은 일반 사용자가 접하는 사이버 공간이기도 하다.

사이버 공간상의 가상 인물(Cyber-Persona Layer)은 네트워크에 실제로 등장하는 인물, 단체, 기관과 직접 관련이 있는 가상 인물로 이메일, IP주소, 웹페이지, 전화번호, 금융계정 비밀번호를 갖고 한 명의 인물이 사이버 공간에서 다수의 사이버 가상 인물을 만들어낼 수 있다. 흔히 SNS에서 사용하는 계정(account)이 여기에 해당한다. 사이버 공간상의 가상 인물은 사이버 공간에서의 행동에 대한 사회적 책임을 묻기가 쉽지 않고 가상의 위치를 사용(예를 들어, SNS 게시물에서 스스로의 위치를 허위로 현출하는 것을 들 수 있다)하는 등의 비정상적인 활동을 식별하는 것이 곤란하다. 사이버 공간상의 가상 인물은 정보·심리전에 흔히 사용되므로 이 장에서 다루는 사이버전은 물리/논리 계층으로 대상을 한정하고자 한다.

정보통신기술의 발전으로 사이버전의 대상이 되는 사이버 공간은 급격히 확대되고 사이버 공간에 대한 민·관·군 모든 주체의 의존도는 빠른 속력으로 심화되고 있다. 또한 사이버 공격은 국가 혹은 비국가 주체에 속한 소수의 전문 인력으로 전평시를 막론하고 동시 다발적인 공격이 가능하고 공격 주체의 역추적 역시 극히 까다로워지고 있다.

민주국가의 보이지 않는 전장

사이버전과 전자전의 결합

최근에는 사이버전이 전자전과 결합되는 양상을 보이고 있다. 민간 및 군사 영역을 막론하고 컴퓨터 네트워크를 통해 디지털화된 정보가 유통되는 가상 공간인 사이버 공간에서 사이버 공격 수단을 활용해 적의 정보 체계를 교란, 거부, 통제, 파괴하는 것이 사이버전이라면 전자전은 전자파 사용과 관련하여 적의 전자파를 탐지하여 활동 징후와 위치를 파악하고 적의 지휘통제망, 전자 무기체계의 기능을 마비, 무력화하며 적 전자전(전자전 지원, 전자공격) 활동에서 아군의 지휘통제망과 전자무기체계를 보호하는 것이 전자전이라고 할 수 있다. 대부분의 무기체계가 전자화되고 전자파를 이용한 무선 네트워크를 통해 제어, 통제되고 있는 것이 현실이다. 또한 비군사 영역인 민·관 영역에서도 전자파를 이용한 무선 네트워크에 대한 의존도는 매우 높아지고 있는 것도 사실이다. 따라서 무선 네트워크를 통해 사이버 공간을 구성하고 있는 전자기파의 영역에서의 군사적 활동이 사이버 영역에서의 군사적 활동과 연동되거나 통합되어야 할 필요성이 제기되고 있고 실제로 서로 확장, 중첩되고 있다.

미군은 사이버 전자기활동(CEMA, Cyber Electromagnetic Activities)을 "사이버 공간과 전자기 스펙트럼을 통해 적 시스템을 무력화하고 적의 공격에서 아군의 임무 시스템을 보호하고 적의 공격을 봉쇄하는 활동"으로 정의하고 아래와 같이 구성된다고 이해한다.

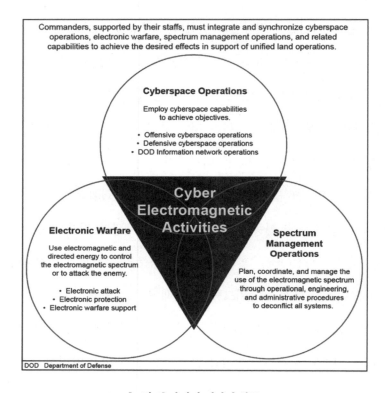

[그림 8] 사이버 전자기 활동

출처: Dept. of army FM 3-38 Cyber Electrimagnetic activities 2014

전술한 바와 같이 군사, 비군사 영역을 막론하고 전자파를 이용한 무선
네트워크에 대한 의존도는 매우 높아지면서 무선주파수가 사이버공간을
구성하는 핵심적인 요소가 되고 있다. 따라서 전자전과 사이버전의 영역
이 중첩되는, 사이버공간을 구성하는 무선주파수에 해당하는 주파수대역
이 사이버 전자전의 영역으로 이해되고 있다.

민주국가의 보이지 않는 전장

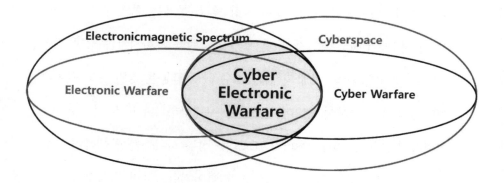

[그림 9] 사이버 전자전

출처: Dept. of army FM 5-18 Cyber Electrimagnetic activities 2014

사이버 전자전 개념의 등장

2022년 간행된 『사이버 전자전』은 사이버 전자전을 "고출력의 전자기 스펙트럼을 이용하여 적의 무선 네트워크 공간 및 사이버 공간의 메시지를 조작/오염 또는 탈취/통제하는 군사적 행위"로 정의한다. 이는 사이버전 기술 이용 시에는 별도의 기지국이나 중계기를 이용하지 않고 전자전 능력인 원거리 고출력 전자파 탐지/송출 기술을 활용한 전자전 기술 이용시 기존의 통신 방해에 국한된 잡음 재밍이 아니라 사이버전 기법인 정보(메시지) 교란을 이용한다는 것을 의미한다. James A. Lewis 역시 CSIS 기고문 Cyber Warfare Ukraine에서 "현대적인 군대와 관련된 분쟁에서 사이버 공격은 전자 전쟁(EW), 허위 정보 유포, 위성에 대한 공격, 정밀

유도 무기의 사용을 결합하는 것이 가장 좋다. 목표는 정보 우위, 데이터 등 무형 자산, 통신, 정보 자산 및 무기 시스템을 저하시켜 운영 우위를 창출하는 것이다. 가장 크게 피해를 줄 수 있는 활동은 정밀 유도 탄약과 사이버 공격을 결합하여 중요한 목표물을 무력화하거나 파괴하는 것이다. 사이버 작전은 또한 재정, 에너지, 교통 및 정부 서비스를 방해하여 방어자의 의사 결정을 압도하고 사회적 혼란을 야기함으로써 정치적 효과를 위해 사용될 수 있다"고 지적하고 있다.

미국이 처한 사이버전 상황

이러한 사이버전은 평시에도 지속적으로 수행되어 이에 관한 대응 역시 점차 격화되고 있다. 언론 보도[87]에 따르면 도널드 트럼프 대통령 취임 후 2년 동안 행해진 미군의 사이버 공격이 이전 버락 오바마 행정부 8년간 시행된 사이버 공격 건수보다 더 많다. 오바마 행정부는 중국, 러시아, 북한, 이란의 사이버 공격에 대한 보복 사이버 공격을 자제해 온 것으로 전해졌다. 미군의 공격적 사이버 작전 수행에 관여한 한 전직 고위관리는 "오바마 행정부에서 중국의 지적재산권 절도, 소니 픽처스에 대한 북한의 해킹공격, 2016년 러시아 선거개입에 대해 어떻게 대응할 것인지 논의했지만 사이버 공격에 대한 결론을 내리지 못했다"고 말했다. 이는 그간 2014년 북한이 소니 픽처스를 해킹 공격하자 미국은 북한 인터넷망을 10시간 정도 마비시키는 보복 공격을 감행한 것으로 알려졌던 것이나 북한 미사일 발사에 대해 '발사의 왼편' 전략을 수행했다고 시사한 적이 있는 것으로 알려진 것과는 다소 다른 점이다.[88] 물론 이 관리가 언급한 '사이버 공격'의 정의와 수준이 북한 인터넷망의 일시적인 마비나 북한 미사일 발사에 대해 수행되었던 '발사의 왼편' 전략보다 훨씬 강력한 것일 가능성도 배제할 수는 없다.

---

87. 美트럼프 정부 2년간 사이버 공격, 지난 10년보다 더 많아, 뉴시스, 2019. 6. 24.
88. <오후여담> 사이버 코피 작전, 문화일보, 2018. 2. 23.

국방부의 한 고위 관리는 "지난 8~10년간 사이버 작전은 두 손가락으로 꼽을 정도였다"며 "그러나 트럼프 대통령 각서 이후 새로운 체계를 갖춘 지난해 8월 중순 이후 몇 달간 사이버 사령부는 이보다 더 많은 작전을 수행했다"고 말했다.

2018년 8월 트럼프 대통령은 사이버 사령부가 대통령 승인 없이 해외에서 사이버 조치를 취할 수 있도록 하는 내용의 비밀 국가안보 대통령 각서(Presidentaial Memorandum) 13호에 서명한 것으로 알려졌다. 한 미국 관리는 "지난 10년 동안 미국의 해외 사이버 공격에 대한 반응은 심각하게 무기력했고 우리는 사실상 아무것도 하지 않았다"며 "이제 적들이 작전을 수행할 수 있는 한계점을 확실히 알도록 해야 할 것이다. 더 이상 방관하지 않을 것"이라고 말했다. 미군 사이버사령부는 2019년 이란의 로켓과 미사일 발사와 연관된 컴퓨터 시스템을 무력화하는 사이버 공격을 한 것으로 드러났다. 2019년 6월 NBC는 복수의 관계자들을 인용해 미 군사 해커들이 외국 네트워크에 침입해 상대 해커들을 공격하고 사이버 충돌 시 인프라가 마비될 수 있는 사이버 폭탄을 설치하고 있다고 한다.

높아지는 대북한 사이버전의 중요성

오바마 행정부와 달리 바이든 행정부는 트럼프 행정부와 마찬가지로 공세적 사이버전에 매우 공세적인 입장을 취하고 있다. 조 바이든 미 행정부는 2023년 3월 북한과 중국, 러시아와 이란을 주요 '사이버 적성국'으로 규정하는 '국가 사이버 안보 전략'을 발표했다.[89] 이와 함께 "미국의 국가 안보나 공공 안전을 위협할 수 없도록 법 집행과 군사 역량 등 모든 수단을 동원해 이 국가들의 관련 단체들을 파괴하고 해체(disrupt and dismantle)할 것"이라고 밝혔다. 이는 미국 내 주요 인프라 및 금융 기관 등을 노린 사이버 공격이 급증하는 데 따른 것으로, 바이든 행정부가 북한과 중국 등을 상대로 본격적인 사이버전을 시작한 데 따른 것으로 보인다.

백악관은 '국가 사이버 안보 전략'에서 "중·러 및 이란·북한 등 독재 국가 정부가 미국의 이익 및 국제 규범에 반하는 목표를 추구하기 위해 첨단 사이버 역량을 공격적으로 사용하고 있다"고 지적했다. 특히 북한을 지목해, "북한은 핵 야망을 부채질할 목적으로 암호 화폐 탈취, 랜섬웨어(데이터 복구 조건으로 거액을 요구하는 프로그램) 공격 등을 감행해 수익을 창출하는 (불법)사이버 활동을 벌이고 있다"고 함으로써 북한에 강

---

89. 美, 北을 '사이버 적성국' 찍었다… "파괴 작전 벌일 것", 조선일보, 2023. 3. 3.

력히 대응한다는 입장을 분명히 했다.

백악관은 사이버 범죄 단체 등에 대한 선제공격을 감행할 '컨트롤 타워'도 지정했다. 백악관은 문건에서 "연방수사국(FBI) 산하 국가 사이버 수사 합동 태스크 포스(NCIJTF)의 역량을 확대할 것"이라며 "국방부와 정보 당국도 이곳에서 진행하는 '파괴 작전'에 참여할 수 있도록 할 것"이라는 계획을 공개했다.

미 정치 매체 슬레이트는 "(북한 등의)사이버 공격에 대한 응징은 물론 예상되는 사이버 공격을 근절하기 위해 범죄 단체 및 (배후)국가 정부의 컴퓨터 네트워크를 선제적(preemptive)으로 해킹할 수 있는 권한을 부여하는 방안"이라며 "과거 어떤 행정부보다 강력한 조치를 취하기로 한 것"이라고 보도했다.

일부 사이버 전문가들은 이러한 사이버 공격 정책에 대해 우려를 나타내고 있다. 이 시점까지 사이버전에 대한 교범이 따로 없고 제3국의 정보통신망을 사이버 공격에 사용하는 과정에서 예측하지 못한 결과를 초래할 수 있기 때문에, 과거에 비해 더 높은 수준의 위험을 수반한다는 것이다.

현재까지 사이버무기는 국제인도법상 그 자체로 위법한 무기라고 볼 수는 없다. 다만 사이버무기도 적법성을 확보하기 위해서는 전투에 참여하지 않는 민간인과 민간시설을 반드시 보호해야 하고, 전투원에게 불필요한 고통을 주거나 군사적 이익만을 위한 과도한 공격을 위법하다고 할 수 있다. 특히 비례성의 원칙을 적용하기 위해서는 임의적 판단이 아니라 군사적 이익과 부수적 피해를 면밀히 비교해 작전 수행 여부를 판단해야 할 필요가 있다.[90]

---

90. 오현철, 「하이브리드 전쟁의 등장과 사이버무기의 국제법적 적법성」, 『평화학연구』, 제21권 제1호, 2020. 3.

사이버전에 사용되는 인공지능(AI)

한편, 사이버보안과 관련된 분야는 가상의 디지털 환경을 바탕으로 하기 때문에 데이터 집약적인 인공지능(AI)을 적용하는 것이 매우 필요하다. 이미 민간에서는 사이버보안 분야에 단순 자동화를 넘어 기계학습, 딥러닝 등 다양한 AI를 적용하고 있다. 침입 탐지, 사고 대응, 취약점 분석과 같이 정보를 수집, 분석하는 활동은 대량의 데이터 분석과 새로운 위협 식별에 많은 시간을 소모하는데, 이러한 활동은 AI 활용에 유리하다.

상용화된 AI 솔루션으로 잘 알려진 IBM Watson도 사이버보안 관련 전문 문서를 학습하고, 이를 바탕으로 사이버 위협을 판단하기 위한 정보 수집, 의심스러운 IP와 악성코드 위협 간의 관계 분석, 대응방안 식별, 추천 등의 업무를 자동화하여 제공하는 기능을 서비스로 제공하고 있다.[91]

사이버 공격이나 악성코드 등과 같은 사이버 위협도 AI를 이용하여 더욱 복잡하고 다양하게 진화하고 있다. 해커와 같은 공격자들은 기존 사이버 위협을 더 다양하고 신속하고 정확하게 보조하기 위해 AI를 활용하고 있다. 단순히 변종 악성코드를 신속하게 자동 생성하는 수준을 넘어 정보보호 시스템을 우회하거나 취약점을 분석하는 행위를 자동으로 수행하는 해

---

91. 이와 관련해서는 이경복, 「사이버작전과 인공지능, 미국방분야의 추진 동향」, 『국방논단』, pp.1847-2021을 주로 참고하였다.

킹 자동화 도구나, AI로 진위를 가릴 수 없는 이메일이나 사이트, 동영상을 생성하고 피싱(phishing)[92]을 유도하는 정교한 사이버위협 등이 발생하고 있다. 2018년 세계적인 해킹보안 콘퍼런스인 'Black Hat'에서는 악성코드에 AI가 추가돼 특정 표적에 대한 조건을 AI가 판단 후 공격하는 새로운 AI 기반의 사이버 위협이 실제로 가능함을 시연하기도 했다.

미 국방부는 이미 사이버 분야에 AI 도입·활용을 지속 추진해왔고, 최근 합동AI센터(JAIC)와 방위고등연구계획국(DARPA)을 통해 사이버작전 분야의 AI 도입을 추진하면서 사이버작전을 위한 AI의 역할을 강조하고 있다. 미 국방부는 2018년 「DOD AI 전략」을 통해 국익을 저해하는 사이버 위협 대응을 위한 AI 활용을 지시한 바 있다. 이는 국가와 시민을 보호함에 있어, 금융, 전력, 선거체계, 의료시스템과 같은 기반시설에 대한 사이버위협의 예측·식별·대응 능력을 강화하여 주요 기반시설 방어에 AI를 활용할 것을 지시하고 있다. 여기서 AI는 사람을 대체하는 것이 아니라 학습 과정에 사람의 의사결정이 반영되고 AI와 협업하여 사람의 능력을 향상시키는 '사람 중심의 방식(human-centered manner)'으로 활용하는 것임을 명시하고 있다. 이러한 전략을 통해 미 국방부는 사이버 분야의 AI 활용은 사람을 지원하는 역할에 중점을 두어야 한다는 기준을 제시하고 있다.

---

92. 피싱(phishing)이란 '개인정보(Private data)를 낚는다(Fishing)'라는 의미의 합성어로, 전화·문자·메신저·가짜사이트 등 전기통신수단을 이용한 비대면거래를 통해 피해자를 기망·공갈함으로써 이용자의 개인정보나 금융정보를 빼앗아 악용하는 것을 의미한다.

미 국방부의 사이버 분야 AI 활용 전략

앞서 미국방 분야의 사이버작전 관련 AI 추진, 활용 사례의 특징과 시사점을 정리하면 다음과 같다.

첫째, 미 국방부는 사이버 분야에 대한 AI 활용을 전략 중점으로 추진하고 있다. 특히, 사이버 위협 대응에 있어 사람과 협업하는 AI를 통한 능력 강화를 강조한 점은 눈여겨볼 부분이다. 또한 「DOD AI 전략」을 주도하는 합동공지능센터(JAIC)가 사이버 분야와 AI의 통합을 추진하는 'Joint Information Warfare'를 추진, AI와 사이버 분야를 전략적으로 연계하고 있는 것 역시 관심을 가지고 지켜볼 필요가 있다.

둘째, 장기적인 연구와 단기적인 기술 획득을 동시에 추진하고 있다. 미래를 대비한 R&D를 주관하는 DAPRA는 사이버 작전 관련 R&D를 장기적인 연구로 추진하면서 동시에 민간기술을 신속히 활용하기 위한 시도를 함께 진행하고 있다. JAIC는 DARPA의 장기적 연구 대상이 아니거나 시급히 필요한 부분에 대해 민간의 기술 성숙도가 높은 AI 기술을 도입, 활용하고 있다. 또한, 사이버 작전과 관련된 AI 활용 추진에 있어 여러 기관 간 노력이 함께 진행되고 있다. DARPA의 Cyber Grand Challenge를 통해 개발된 Mayhem은 DIU(Defense Innovation Unit, 미군이 새로운 상용 기술을 더 빨리 사용할 수 있도록 돕기 위해 설립된 미국 국방부 조직)를 통해 CSO(Commercial Solutions Opening, 한국의 신속시범 획득사업과 유사한 제도로 상용 솔루션을 신속하게 획득하는 사업)을 통해 미군이 획득, 활용되고 있고, JAIC와 DARPA는 네트워크 공격에 대응하는 HACCS(Harnessing Autonomy for Countering Cyberadversary Systems, 적대적 사이버활동 자율형 대응 체계) 연구를 함께 수행하여 자동화된 사이버 공격 대응기술을 개발했다.

셋째, 민간과의 협력이 중요한 비중을 차지한다. DARPA의 Cyber Grand Challenge는 민간 우수 기술의 국방 분야 도입이 목적이었고, 실제 그 결과인 Mayhem은 미군에 도입 및 활용되었다. JAIC에서 추진한 두 가지 사례, 신속한 사이버 상황 인식을 위한 사이버국가임무구상(CNMI)과 사이버작전 AI 모델 훈련을 위한 공통 데이터 프레임워크 개발은 다수의 IT업체가 참여하기도 했다. 즉, 민간 협력이 사이버작전의 AI 활용에 상당 부분 기여했다.

넷째, 사이버 작전 관련 데이터 표준화를 우선적으로 추진하였다. 사이버 보안 분야는 근본적으로 디지털 환경이 갖추어져 있기 때문에 데이터가 많이 존재하지만, 실제 사이버 작전에 AI를 활용하기 위해 군사적인 목적으로 표준화된 데이터가 필요했던 것이다. 이러한 데이터 표준화 추진은 현재 미국이 사이버작전 분야에서 데이터가 필요한 AI를 추진하고 있음을 간접적으로 의미한다.

러시아에 대한 서방의 대응

2022년 2월 24일 러시아가 우크라이나를 침공하면서 전쟁 상태 중 사이버전에 대한 관심이 집중되었다. 그러나 우크라이나에 대한 러시아의 사이버 공격은 2014년 우크라이나 동부 병합 이후 지속되고 있었고 2022년 침공 직전에 격화되었던 것 뿐이다. 러시아의 사이버 공격으로 우크라이나의 공공, 에너지, 미디어, 금융, 비즈니스 및 비영리 부문이 가장 큰 피해를 입었다. 2월 24일 이후 제한적으로 실시된 러시아 사이버 공격은 의약품, 식량, 구호물자의 유통을 약화시켰다. 이러한 사이버전의 영향은 데이터 절취 및 허위 정보의 살포, 기본 서비스에 대한 접근을 저지하는 것에서부터 딥 페이크 기술[93]을 통한 심리전까지 다양하다. 기타 악성 사이버 활동에는 피싱 전자 메일 전송, 분산 서비스 거부 공격, 데이터 와이퍼 악성 프로그램, 백도어, 보안 감시 소프트웨어 및 정보 도용 사용이 포함돼 있다.[94]

다음 그림은 유럽 의회 연구 서비스가 제시한 우크라이나에 대한 사이버 공격 시계열도이다.

---

93. 딥페이크(deepfake), 딥 러닝(deep learning)과 가짜(fake)의 혼성어로 인공지능을 기반으로 한 인간 이미지 합성 기술을 의미한다. 2024년 한국은 공직선거법을 개정해 선거운동을 위한 딥페이크 기술 사용을 금지했다.

94. European Parliamentary Research Service, "Russia's war on Ukraine: Timeline of cyber-attacks", 2022

Figure 1 – Timeline of cyber-attacks on Ukraine

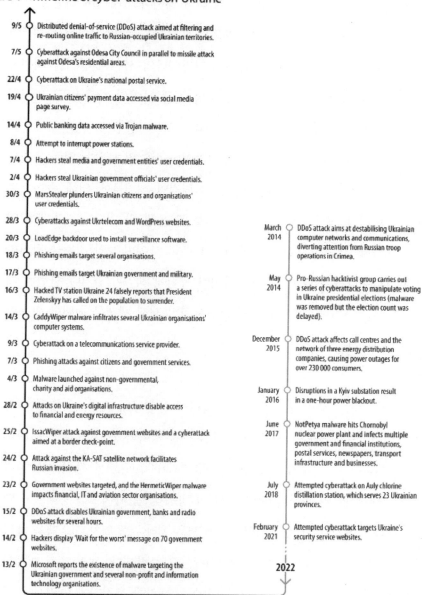

9/5	Distributed denial-of-service (DDoS) attack aimed at filtering and re-routing online traffic to Russian-occupied Ukrainian territories.
7/5	Cyberattack against Odesa City Council in parallel to missile attack against Odesa's residential areas.
22/4	Cyberattack on Ukraine's national postal service.
19/4	Ukrainian citizens' payment data accessed via social media page survey.
14/4	Public banking data accessed via Trojan malware.
8/4	Attempt to interrupt power stations.
7/4	Hackers steal media and government entities' user credentials.
2/4	Hackers steal Ukrainian government officials' user credentials.
30/3	MarsStealer plunders Ukrainian citizens and organisations' user credentials.
28/3	Cyberattacks against Ukrtelecom and WordPress websites.
20/3	LoadEdge backdoor used to install surveillance software.
18/3	Phishing emails target several organisations.
17/3	Phishing emails target Ukrainian government and military.
16/3	Hacked TV station Ukraine 24 falsely reports that President Zelenskyy has called on the population to surrender.
14/3	CaddyWiper malware infiltrates several Ukrainian organisations' computer systems.
9/3	Cyberattack on a telecommunications service provider.
7/3	Phishing attacks against citizens and government services.
4/3	Malware launched against non-governmental, charity and aid organisations.
28/2	Attacks on Ukraine's digital infrastructure disable access to financial and energy resources.
25/2	IssacWiper attack against government websites and a cyberattack aimed at a border check-point.
24/2	Attack against the KA-SAT satellite network facilitates Russian invasion.
23/2	Government websites targeted, and the HermeticWiper malware impacts financial, IT and aviation sector organisations.
15/2	DDoS attack disables Ukrainian government, banks and radio websites for several hours.
14/2	Hackers display 'Wait for the worst' message on 70 government websites.
13/2	Microsoft reports the existence of malware targeting the Ukrainian government and several non-profit and information technology organisations.

March 2014	DDoS attack aims at destabilising Ukrainian computer networks and communications, diverting attention from Russian troop operations in Crimea.
May 2014	Pro-Russian hacktivist group carries out a series of cyberattacks to manipulate voting in Ukraine presidential elections (malware was removed but the election count was delayed).
December 2015	DDoS attack affects call centres and the network of three energy distribution companies, causing power outages for over 230 000 consumers.
January 2016	Disruptions in a Kyiv substation result in a one-hour power blackout.
June 2017	NotPetya malware hits Chornobyl nuclear power plant and infects multiple government and financial institutions, postal services, newspapers, transport infrastructure and businesses.
July 2018	Attempted cyberattack on Auly chlorine distillation station, which serves 23 Ukrainian provinces.
February 2021	Attempted cyberattack targets Ukraine's security service websites.
2022	

Source: Data compiled by EPRS; Graphic by Lucille Killmayer.

서방세계는 이러한 러시아의 사이버 공격에 공동으로 대응했다. 유럽연합, 미국 및 NATO는 우크라이나에 대한 러시아의 사이버 위협을 무력화하고 필수 인프라를 보호하는 것을 목표로 하는 작전을 주도했다. 이러한 활동의 일환으로 유럽 연합은 우크라이나의 사이버 방어를 지원하기 위해 사이버 신속대응팀[안보 및 국방 정책 분야의 항구적 구조 협력(PESCO)에 따른 프로젝트]을 활성화했다. 또한 비정부 및 민간 주체들은 다양한 사이버 복원 활동을 통해 우크라이나를 지원해왔다. 침공 초기부터 '핵티비스트'(hactivists)라 불리는 독립적인 해커들에 의해 수적으로 상당한 반격이 개시되어 러시아 국가, 보안, 은행 및 미디어 시스템에 영향을 미쳤다. 유럽 의회는 우크라이나에 대한 사이버 보안 지원을 강화하고 우크라이나를 겨냥한 다양한 사이버 공격에 책임이 있거나 관련된 개인, 단체 및 기관에 대한 유럽 연합의 사이버 제재 체제를 최대한 활용할 것을 요구했다.

사이버 전의 영역에서 러시아의 우크라이나 침공의 가장 큰 특징은 바로 핵티비스트라 불리는 자율성을 가진 민간 영역의 활동이다. 침공 직후 우크라이나는 IT 전문가들을 규합해 IT 부대(IT army)를 창설했다. 널리 알려진 해커집단인 어나니머스는 러시아 방송국 웹 사이트를 공격했고 벨라루스를 근거지로 하는 사이버 파르티잔은 벨라루스 열차 시스템을 해킹해 민스크 등에서 열차 운행을 중단시켰다고 주장했다. 해커 조직 어게인스트 더 웨스트는 러시아 전기차 충전소를 해킹해 충전기에 반러시아 메시지가 전시되도록 했다고 주장했다. 책임 있는 주체를 자처한 곳은 없지만 어나니머스로 추정되는 해커집단이 러시아 미디어 홈페이지를 해킹해 반러시아 메시지를 노출하기도 했다.

이러한 움직임은 친우크라이나, 친서방 진영에 국한된 것이 아니었다. '애국적 러시아 해커'는 우크라이나 웹사이트에 DDoS 공격을 수행했고 랜섬웨어 범죄조직인 콘티가 친러시아 활동을 선언한 후 우크라이나 보안당국은 랜섬웨어 작전과 관련한 메시지를 콘티의 백엔드 서버에서 확보하기도 했다.

이러한 핵티비스트 활동에 대해 엠시소프트(Emsisoft)의 위협 분석가인 브렛 캘로우는 "명확하게 불법이며 그 여파를 예측하기도 어렵다. DDoS 공격의 영향이 원래 표적 이상으로 퍼지는 경우도 발생할 수 있다"면서 일반적인 관점(작전적, 군사적 측면)에서 핵티비즘은 반드시 좋은 것만은 아니라고 평가했다. 특히 가장 큰 위험으로 캘로우는 핵티비스트가 다른 전략적인 작전을 방해하게 될 수 있는 것을 꼽았다. 캘로우는 "예를 들어 서방 정보기관이 러시아 기업의 네트워크를 은밀히 해킹했는데, 핵티비스트의 공격으로 인해 그 회사가 네트워크를 정비하고 나선다면 정보기관의 작전이 물거품이 될 수 있다. 정보기관은 정보 수집을 포함한 장기적인 목표를 두고 활동하는 반면 핵티비스트는 단기적인 효과를 노린다"고 우려했다.[95]

---

95. "해커들도 들고 일어났다" 러시아에 대한 핵티비즘 확산, ITWorld Korea, 2022. 3. 7.

러시아의 사이버전에 대한 부정적인 평가

이처럼 전쟁 초기 러시아의 사이버 공격은 큰 관심의 대상이 되었으나 많은 성과를 거두지는 못한 것으로 평가된다. 넷블록스(런던 소재 글로벌 인터넷 모니터링 조직) 설립자인 엘프 토커는 가디언(Guardian)과의 인터뷰를 통해 "우크라이나의 인터넷 인프라는 다양성이 높고 병목 지점이 거의 없어 전국의 인터넷을 완전히 차단하기는 쉽지 않다. 즉, 중앙 집중화된 차단 스위치가 없다. 우크라이나를 침공해 인터넷을 차단하려면 인터넷 교환 지점과 데이터센터에 직접 들어가 해당 인프라를 장악하는 방법밖에 없다"고 분석했고 미국 민주당 소속 버지니아 지역구 상원 위원인 마크 워너는 "우크라이나에서는 경이롭게도 인터넷이 아직 작동하고 있다. 푸틴이 우크라이나 기술력을 잘못 판단한 것으로 보인다"고 밝혔다.[96]

우크라이나에 대해 2022년 수행된 러시아의 사이버 공격에 대해 James A. Lewis는 "러시아는 의미 있는 규모로 이러한 목표를 달성할 수 없었다"고 평가했다.[97]

그는 사이버전 관계자들은 불쾌할 수 있겠지만 사이버 공격은 과대평

---

96. 우크라이나 인터넷 맹공 속에서도 건재한 이유-ITWorld Korea

97. James A. Lewis, "Cyber Warfare Ukraine", CSIS, 2022

가된 경향이 있다면서 "사이버 공격이 스파이 활동과 범죄에는 매우 귀중하지만, 무력 충돌에서는 결정적이지 않다. 대부분의 분석가들이 지적하듯이, 순수한 사이버 공격은 가장 취약한 상대를 제외하고는 패배를 받아들이도록 강요하기에 부적절하다. 사이버 공격으로 사망한 사람은 없으며, 가시적인 피해 사례는 거의 없다. 아람코에 대한 이란의 조치와 같이 소프트웨어 및 데이터에 대한 공격으로 인한 '논리 계층'의 피해는 빈번하지만, 이러한 공격은 일반적으로 전략적 이점을 창출하지 못한다. 상대에게 변경이나 양보를 강요하고 저항능력을 손상시키기 위해서는 지속적이고 체계적인 노력이 필요하다"고 평가했다.

북한이 펼치고 있는 사이버전

한국보다 경제력, 군사력이 열세인 북한은 '비대칭 전력'이 개념화되던 2000년대 초반부터 한국을 대상으로 사이버전의 기법들을 구사해왔다고 볼 수 있다는 점에서 특히 주목할 필요가 있다. 북한은 이미 디도스 공격, 언론 금융기관 전산망 마비, 소니 픽처스 사와 영국 방송국인 channel 4 해킹, 국가기밀 해킹 등을 시도한 바 있다.

이를 구체적으로 살펴보면 검찰의 2011년 농협 전산망 사고 수사발표에 따르면 공격명령 서버 중 1개가 북한에서 사용됐으며 노트북에 악성코드를 심어 좀비 PC(악성코드에 감염되어 해커의 공격에 사용되는 감염 PC, '봇'이라고도 부른다)를 만들었다.[98]

언론 보도에 따르면 북한이 이명박 정부의 대통령직 인수위원회 때도 해킹한 것으로 알려졌다.[99] 2013년 1월 한 정부 소식통은 2008년 당시 대통령직 인수위 사무실에 대한 해킹 시도로 당시 400여 대의 컴퓨터가 해킹됐고, 조사 결과 북한의 소행으로 드러나 조치를 취했다고 밝힌 바 있다. 2016년에는 국군 내부망이 북한에서 사용되는 악성코드와 유사한 방법으로 해킹당한 일이 있고 대통령 선거가 임박한 국내 외교·안보·국방

---

98. "공격명령 서버 중 1개 북한서 사용… 노트북에 악성코드 심어 좀비피시화", 한겨레, 2011. 5. 3.

99. 北, 이명박 정부 인수위 때 해킹 시도, 매일경제, 2013. 1. 18.

민주국가의 보이지 않는 전장

분야 교수 및 민간 전문가를 겨냥한 북한 배후 소행의 해킹 시도가 급증해 북한 연계 해킹 주의보가 발령되기도 했다.[100]

특히 초고도 네트워크 사회인 한국은 국가 차원의 폐쇄망을 운용하고 있는 북한에 비해 네트워크 의존도가 매우 높은 사회라는 점에서 절대적으로 매우 큰 취약점을 안고 있고, 북한은 이미 국가 차원에서 하이브리드 위협을 도구화하여 사용하고 있다. 이러한 상황에서 미국과 같이 민·관·군을 막론한 사이버 공격에 대응할 '컨트롤 타워'를 설치해 사이버 공격을 탐지, 식별, 추적해 방어해야 할 필요가 있다. 이뿐만 아니라 바이든 행정부와 마찬가지로 사이버 범죄 단체 등에 대한 선제공격을 수행할 수 있는 능력을 완비하고 제도적 뒷받침 역시 필요할 것이다.

한편, 한미는 2023년 4월 26일 윤석열 대통령의 미국 국빈방문을 계기로 워싱턴에서 바이든 미국 대통령과 정상회담을 갖고 한미동맹을 사이버 공간까지 확장하기로 선언했다. 그리고 "전략적 사이버 안보 협력 프레임워크"를 공동으로 발표했다. 이는 2022년 5월 한국이 아시아 최초로 나토 사이버 방위센터 정회원으로 가입한 것과 함께 국제공조를 통한 사이버전 능력 제고에 크게 기여할 것으로 기대하고 있다.

---

100. 북한 연계 해킹 주의보… "외교·안보·국방 전문가 겨냥한 공격시도 포착", 디지털데일리, 2022. 2. 23. / 한국군 내부망 해킹당해… "북한 사용 악성코드와 유사", VOA, 2016. 12 6.

6장 정보·심리전

　'정보·심리전(information & psychological warfare)'은 여론을 형성하고, 적국의 의사결정 혼선과 저항 의지를 무력화시켜 전황을 유리한 국면으로 이끌어가기 위한 대결이라 할 수 있다. 특히, 전시의 정보작전과 심리작전은 단순히 선전의 효과를 넘어 전술적 우위를 부여하는 군사적 기능도 수행하고 있다.[101]

101.　윤정현, 「러시아-우크라이나 전쟁 장기화와 정보·심리전의 진화양상」, 국가안보전략연구원, 이슈 브리프 383호(2022. 9. 5.)

우크라이나 전쟁 속에 등장한 창과 방패

정보작전과 심리작전은 개념적으로 다음과 같이 구별된다. '정보작전 (information operation)'은 실제 정보와 허위정보, 조작정보 상황에 대한 오독과 왜곡, 기만, 정보 과부하의 유발 등을 통해 적의 올바른 의사결정을 방해하는 공세적인 작전이다. '심리작전(psychological operation)'은 적의 사기, 전투 의지를 꺾고 아군 및 동맹의 결의와 사기를 강화시키기 위한 방어적 성격의 작전으로, 상대의 허위조작정보 공격이나 선전 프레임에 맞서 자국의 정치적 정당성과 권위, 민주주의 제도와 사회질서를 유지하는 데 유용한 수단이라 할 수 있다. 정보·심리작전은 평시와 비상시, 전시 모든 상황에서 이루어질 수 있으며 그 자체로는 파괴적이지 않은 활동일 수 있지만, 폭력적 상황에서는 비군사적, 군사적 파괴력을 증폭하는 수단으로 작용하기도 한다.

정보·심리작전은 투입되는 자원에 비해 효과가 크지만 작전 수행을 위해서는 온라인 플랫폼 등 주요 네트워크와 방송통신 인프라에 대한 접근이 확보돼야 한다는 전제조건을 충족해야 한다. 따라서 이제는 사이버전과 밀접하게 닿아 있을 수밖에 없다. 정보작전에 대응하는 방어적 수단으로 상대방이 보유한 주요 네트워크와 통신망 인프라를 물리적, 전기 및 전자기적, 컴퓨터 공학적으로 파괴하거나 접근과 사용을 배제하는 방법이 사용될 수 있으며 실제로 사용된다.

이처럼 공세적 성격을 띠는 정보작전과 방어적 성격을 띠는 심리작전, 그리고 정보·심리작전의 영역이 되는 사이버 공간 자체를 둔 공방이 이어 지는 양상은 가장 최근의 열전(hot war)인 우크라이나 전쟁에서 잘 드러 났다.

2015년 초부터 시작한 대 우크라이나 정보심리전

2022년 우크라이나 전쟁은 고도화된 디지털 정보커뮤니케이션 환경에서 전시에 전통적인 군사적 수단을 동원하지 않는 군사활동인 정보·심리전이 전면전에서 효과적인 공격·방어 수단으로 어떻게 작동하는지를 잘 보여주었다. 특히, 러시아의 공격에 맞선 우크라이나 측의 담론 프레이밍과 반격 서사는 초기의 전세를 유리하게 확보하는 데 결정적인 역할을 했다.

우크라이나 전쟁 초기, "젤렌스키 대통령은 이미 수도 키이우를 탈출했다"는 러시아의 가짜뉴스 유포와 이에 대한 우크라이나의 대응이 대표적이다. 젤렌스키 대통령은 러시아의 이러한 가짜뉴스 유포에 대응해 2022년 2월 26일 'X'(당시 '트위터')에 자신이 각료들과 함께 우크라이나 수도 키이우 시내 거리를 활보하는 동영상을 공유함으로써 가짜뉴스를 간단하게 불식시켰고, 오히려 러시아군과 끝까지 싸우겠다는 결의를 부각해 항전의지를 결집하고 국제적 지지를 확보하는 데 성공했다.[102]

이처럼 우크라이나에 대한 정보·심리전이 러시아를 압도할 수 있었던 이유는 이미 장기간에 걸쳐 크림반도 상실 이후 허위조작정보 공격에 체

---

102. 이용석 외, 「러시아 대 우크라이나 사이버 전쟁의 교훈과 시사점」, 국방정책연구, 2022년 가을(38-3), 통권 137호

계적으로 대비해 왔던 결과라고 할 수 있다. 우크라이나는 2015년 초부터 Ukraine Today와 StopFake와 같은 해외 발신을 목표로 하는 미디어 플랫폼과 팩트체크 채널을 구축한 바 있다. 이처럼 특히 국제적인 여론 조성을 위해 서방과 민감한 전황 정보 및 러시아 군사정보를 공유할 수 있는 제도적 기반을 마련했으며, 이를 통해 우크라이나 정부는 전황에 대한 지속적인 보도활동과 유리한 전황 정보를 국내·외로 전파할 수 있었다. 이를 통해 전쟁 발발 이후에도 우크라이나가 발신하는 정보와 서사의 설득력을 높일 수 있었다. 이는 2022년 전쟁 발발시 전장에서 우크라이나가 러시아에 비해 정보 영역에서의 우위를 누릴 수 있도록 하는데 크게 기여했다.

주요 전쟁은 인간의 마음속에 존재하는 것

이처럼 정보·심리전은 사이버 공간 상에서 스스로에게 유리한 정보와 서사를 담은 콘텐츠를 생산해 배포하고, 신뢰를 바탕으로 자발적 동조자들을 확보해 콘텐츠의 재생산과 재배포함으로써 정보의 우위를 확보하는 것이 중요하다.

실제로 러시아가 우크라이나를 무력으로 침공하자, 세계 각국에서는 비난여론을 쏟아내는 한편, 어나니머스와 같은 국제적인 해킹단체가 러시아 정부와 방송국 등을 공격하면서 반격했다. 우크라이나 정부는 텔레그램에 '사이버 의용군(IT army)'을 공개적으로 모집했으며, 이후 국적을 불문하고 많은 자발적 해커들이 '핵티비스트'를 자처하며 참여하였다. 이들은 정보·심리전을 이용해 페이스북, 인스타그램, 트위터 등 전 세계의 SNS 이용자들이 자유롭게 접근할 수 있는 SNS를 기반으로 실시간 전황 정보를 게시하였고, 플랫폼 운영자들 역시 우크라이나가 제공한 정보를 누구나 자발적으로 공유, 확산할 수 있도록 했다.

사이버 공간에서의 정보·심리전은 4차 산업혁명 등 디지털 기술의 진전에 힘입은 정보·심리전의 기술적 고도화로 인해 과거 국가 수준에서 수행돼 온 선전선동이나 심리전과는 큰 차이점을 보여주고 있다.[103] 현대의 사이버 정보·심리전에서는 스토리텔링(story-telling)이 가능한 서사(narrative) 기술을 갖춘 AI 알고리즘이 직접 허위조작정보를 대량 생산하고, 소셜 봇이나 챗 봇 부대와 같은 쌍방향 실시간 대화가 가능한 프로그램을 통해 대량의 정보를 소셜 미디어 공간에 확산시키는 방법이 빈번하게 동원된다.

또한 전시(wartime)와 평시(peace time) 전략의 뚜렷한 구분이 모호한 사이버 공간에서의 정보·심리전은 일상의 정보와 커뮤니케이션 활동을 통해 상시적으로 공격을 수행하는 것이 가능하다. 하이브리드전의 수단으로서 사이버 공간에서의 정보·심리전은 공격 대상을 사회의 정치적 서사(narrative)나 정치적 담론을 통제하며 대리 행위자들(proxy actors)이 급진·극단적 행동을 취하도록 자극하는 방식을 사용한다. 따라서 상상대국에 대한 위협을 일상적이고 상시적으로 구사할 수 있다. NATO는 대하이브리드 위협 유럽센터(Hybrid CoE, The European Centre of Excellence for Countering Hybrid Threats)를 설립하면서 허위조작정보 유포를 통한 사이버 정보·심리전도 하이브리드 위협에 포함하였다.

---

103. 송태은, 「디지털 시대 하이브리드 위협 수단으로서의 사이버심리전의 목표와 전술: 미국과 유럽의 대응을 중심으로」, 세계지역연구논총, 제39집 1호, 2021.

한편, 송태은은 최근 사이버 공격을 수반한 하이브리드 위협 사례를 다음과 같이 제시했다.

〈표 1〉 최근 사이버 공격을 수반한 하이브리드 위협 사례

2006년 7월 이스라엘-레바논 전쟁	• 하이브리드 위협 개념이 만들어진 최초의 사례로 언급됨. 이스라엘과 레바논 간 재래식 공격과 로켓 폭격 및 사이버전이 수행. • 이스라엘의 레바논에 대한 폭격에 대해 헤즈볼라(Hezbollah)는 이스라엘에 대한 미사일 공격 전 이스라엘 육군 컴퓨터 시스템을 해킹하여 군의 무선 통신에 침투하고 미국 웹서버 업체들을 하이재킹(hijacking)하여 이스라엘의 인터넷망을 공격함. • 헤즈볼라는 이스라엘 군인들의 휴대폰 통화를 도청하여 군사정보를 수집하고 가짜 시체와 폭격 장면을 연출하는 등의 사이버 심리전도 전개.
2007년 4월 러시아의 에스토니아 사이버 공격	• 러시아는 에스토니아의 대통령궁, 의회, 정부기관, 금융기관, 언론기관, 이동통신 네트워크 등을 3주간 디도스(대규모 분산서비스거부, DDos) 공격. 에스토니아의 금융거래와 행정업무가 일주일 이상 중단되는 등 국가 시스템 전체가 마비됨.
2008년 6월 러시아-조지아 5일 전쟁	• 러시아는 조지아에 대해 대규모 지상군을 투입하는 정규전 외에도 사흘 간 바이러스 프로그램에 감염된 컴퓨터 네트워크인 봇네트(botnets)를 이용하여 메일폭탄(Mail-bombing), 디도스 공격으로 전산망을 무력화함. • 민간 사이버 범죄조직인 '러시아비즈니스네트워크(RBN)'를 이용한 디도스 공격은 조지아 대통령 홈페이지, 국방부, 외교부, 의회에 대해 수행되었고 조지아 정부기관 홈페이지, 언론사 및 포털 사이트 등이 평균 2시간 15분, 최장 6시간 동안 공격 받음.
2012년 11월 가자(Gaza)-이스라엘 분쟁	• 이스라엘 군사령부는 트위터(Twitter)를 통해 선전포고를 했으며, 페이스북(Facebook), 트위터, 인스타그램(Instagram), 유튜브(Youtube) 등 SNS 활용하여 가자지구 공습에 대한 우호적 여론을 조성함. • 하마스 해커들은 이스라엘 장교들 소유 휴대전화 5천여 대를 해킹하여 협박 메시지 발신.
2013년 11월 이스라엘-하마스 (Hamas) 교전	• 하마스는 이스라엘에 대해 1,400회의 로켓공격과 아울러 4천 4백만 회의 사이버 공격을 수행. • 이스라엘은 하마스와 이슬람 지하드(Jihad)의 라디오 방송을 하이재킹(hijacking)하여 테러리스트를 돕지 말 것을 설득하는 심리전 수행. • 이스라엘 방위군과 하마스 무장세력 간 트위터 상 설전.
2014년 3월 러시아의 크림반도 합병	• 우크라이나의 親러 정권이 붕괴한 이후 우크라이나 동부 돈바스 지역(도네츠크주, 루간스크주)에서 親러시아 분리주의 반군과 정부군 간 무력분쟁 발생. • 2014년 3월 2천 명의 러시아군은 소속부대나 계급, 명찰이 식별되지 않는 국적이 불분명한 군복을 착용하고 우크라이나 침공. • 러시아군은 우크라이나 군과 교전 없이 우크라이나의 군사기지, 의회, 대법원, 공항을 점령함.

전투원 간의 직접적인 교전 혹은 가시적인 군사활동이 부재하거나 전통적인 무력 수단과 비전통적인 위협 수단을 복합적으로 사용하며 국가 시스템과 정부의 의사결정을 무력화시키려는 시도를 '하이브리드 위협(hybrid threats)'이라고 한다. 서방세계는 선거철마다 하이브리드 위협을 전개해 왔으며 선거 결과에 지대한 영향을 끼친 사이버 심리전을 심각한 위협으로 파악하고 있다. 디지털 선전·선동의 성격을 갖는 사이버 심리전은 서구권 온라인 공론장의 연결성과 개방성이 갖는 취약성을 이용하여 서구권 시민사회를 직접적으로 공격하고 있다. 러시아와 이란 등 권위주의 진영으로부터의 사이버 심리전은 여론을 왜곡하고 사회분열을 극대화하며 선거과정과 정부의 정당성을 공격하는 등 민주주의 제도의 핵심 기능과 가치를 집중적으로 훼손하려는 시도를 보였다.

대개 소셜미디어 플랫폼에서 대규모의 허위조작정보를 유포시키는 방법이 주로 이용되는 사이버 심리전은 비군사적인 것으로 평가되어 왔다. 그러나 2016년 미국 대선과 영국의 브렉시트(Brexit) 국민투표를 시작으로 2017년부터 일련의 거의 모든 유럽 내 선거철 러시아나 이란 등 권위주의 국가가 자행한 소셜미디어 플랫폼에서의 허위조작정보 유포활동은 서구권이 사이버 심리전을 주목하게 된 계기가 되었다. 미국과 유럽은 이러한 사이버 공격이 단순히 가짜뉴스 확산을 통한 여론 왜곡 시도를 넘어선 것으로 판단하고 서구권의 주권과 민주주의 제도에 대한 직접적인 도전으로 인식하게 되었으며, 다양한 조사를 통해 사이버 심리전 공격이 인공지능 알고리즘 기술이 동원된 디지털 선전 활동임을 확인했다.

즉, 2016년 이후 서구권 선거는 오로지 해킹과 사이버 심리전만으로도 서구권의 여론분열과 사회갈등을 심화시키는 등 미국과 유럽이 비군사적인 하이브리드 위협에 대한 경각심을 크게 고취하는 계기가 되었다. 그리고 이는 뒤에서 서술하는 바와 같이 특히 민주주의를 채택하고 있는 국가들에 매우 심각한 위협이 될 수밖에 없으며 이에 대한 적극적인 대응으로 이어지게 되었다.

한편, 인공지능 기술의 급격한 발전은 많은 양의 정보와 정확한 잠재 대상을 표적으로 삼을 수 있도록 하기 때문에 북한 등이 사이버 심리전 분야에서 취약한 한국 사회의 맹점을 이용해 완전히 다른 차원으로 '하이브리드 워'를 확대해 나갈 우려가 매우 크다는 점에서 적극적인 대응을 준비할 필요가 있다.

'결심행위의 영역'이 전장이 되다

'인지전'을 이해하기 위해서는 '정보환경' 그리고 '인지적 차원'에 대한 이해가 선행되어야 한다. '정보환경'이란 정보를 수집, 처리, 전파하는 개인, 조직, 시스템의 총체로서 모든 정보활동이 이루어지는 공간 및 영역이다. 이러한 정보환경은 상호 작용하며 서로 연관된 3개의 영역인 물리적 차원, 정보적 차원, 인지적 차원으로 구성된다. 각 차원을 살펴보면 물리적 차원은 물리적 플랫폼과 통신 네트워크가 상주하는 차원이며, 정보적 차원은 정보가 생성되고, 조작되고, 공유되는 영역이고, 인지적 차원은 지각, 인식, 이해, 신념, 가치가 상주하는 차원으로 판단과정에 따른 결심행위가 내려지는 영역을 의미한다.[104]

---

104. 이하에서는 강신욱, 「인지전 개념과 한국 국방에 대한 함의: 러시아-우크라이나 전쟁을 중심으로」, 국방정책연구, 2023, 봄(39-1), 통권 제139호를 주로 참고하였다.

인지적 차원은 정보환경을 구성하는 가장 중요한 요소이다. 물리적 차원에서 관찰된 행위 등은 정보적 차원에서 정보로 생성되고 공유되며, 이렇게 전달되고 생성된 정보를 바탕으로 인간은 '인지적 차원'에서 결심 행위를 하게 된다. 즉 결정을 내리는 인지적 차원이 무엇보다 중요한 것이다. 따라서 인지적 차원을 조작할 수 있다면 단순히 관찰된 행위도 의사 결정자로 하여금 특정 결심 행위를 하도록 유도할 수 있으며, 조작자가 원하는 방향으로 특별한 행동을 하도록 유도할 수도 있다. 즉 인지적 차원과 인지적 차원에 대한 영향요인을 이해한다는 것은 주어진 정보 환경 속에서 의사 결정자의 마음에 크게 영향을 미치는 방법을 이해한다는 것을 의미한다. 이는 단순한 정보를 조작해 인지적 차원을 교란함으로써 '상대국의 선택에 따른 행동을 통해 해당국이 원하는 바를 달성할 수 있음'을 의미한다.

2020년 NATO는 '인지전'을 "대중 및 정부 정책에 영향(influencing)을 미치려는 목적으로, 또는 정부의 행동 및 제도를 불안정화(destabilizing)하는 것을 목적으로 외부 주체가 여론을 무기화하는 것"이라고 개념화했으며, 인지전의 목적을 "적이 내부에서 스스로를 파괴하도록 만드는 것"이라고 정의했다. 그리고 이를 달성하기 위한 '인지전'의 기본 목표로 대중의 '불안정화'(destabilization)와 표적된 대중에 대한 '영향'(influence)을 제시했다. '불안정화'란 대중들의 조직력과 단결을 와해시켜 내부 문제에 압도되고 공동목표를 달성하는 것에 집중하지 못하게 함으로써 집단의 생산성을 급격히 저하시키고 집단 조직과 연합을 와해시키는 것을 뜻한다. 표적이 된 대중에 대한 '영향'은 표적을 둘러싸고 있는 세계에 대한 해석과 이해를 조작함으로써 공격자의 이익에 맞춰 설정된 행동을 대중이 수행하게 유도하는 것을 목표로 한다.

강신욱은 NATO의 인지전 정의가 '여론'만을 그 수단으로 보고 있다면서, 인지전을 "사이버 공간을 활용한 심리전, 그리고 인지 과정을 구축하는 과정에 대한 정보 조작 등 다양한 수단을 활용해 상대의 인지 과정을 조작함으로써 올바른 결정을 하지 못하게 하거나 잘못된 결정을 하게 만들어 나에게 유리한 방향으로 상대의 행동을 변화시켜 정치적 목적을 달성하는 전쟁 양상"으로 정의하고 있다.[105]

---

105. 강신욱, 「인지전 개념과 한국 국방에 대한 함의: 러시아-우크라이나 전쟁을 중심으로」, 국방정책연구, 2023, 봄(39-1), 통권 제139호

점점 더 심각해지는 민주주의 국가에 대한 인지 공격

최근 인지전에 관심이 집중되는 이유는 민주주의 국가가 인지 공격에 대응하기에 극히 취약하기 때문에 민주주의 국가를 대상으로 해당국이 자신의 영향력을 효과적으로 증대시킬 수 있는 비대칭적 수단이기 때문이다. 민주주의 국가가 이러한 인지 공격에 취약한 근본적인 이유는 민주주의 체제가 '표현의 자유와 특히 정치적 의사 표현의 자유(right to speech)'를 근간으로 표현의 자유가 헌법이 보장하는 권리나 자연권에 해당하는 것으로 간주되기 때문이다. 따라서 민주주주의 국가에 대한 의도적 인지 공격은 국내에서 다양한 정치적 의견이 표출되는 것으로 쉽게 위장할 수 있다.

그리고 이러한 의도적 인지 공격에 대한 대응을 표현의 자유를 억압하는 것이라고 공격하는 것이 가능하다. 또한 의도적 인지 공격에 대한 대응은 실제로 국내에서 다양한 정치적 의견이 표출되는 것을 국가가 개입해 차단하는 것이 될 수도 있다. 따라서 국가가 주도해 적극적으로 정보를 통제하는 것이 법적, 제도적으로 제한될 가능성이 높고 이러한 활동 자체가 민주주의에 대한 위협으로 인식돼 오히려 광범위한 저항을 촉발하는 계기가 될 수도 있다.

또한 인터넷 공간, SNS를 통한 가짜정보 또는 오염정보의 유포가 상대의 의도적이고 악의적인 허위조작이라는 사실을 확정 짓기 어렵고, 확정한다 해도 개인의 의견 등을 국가가 규정짓거나 정보를 국가가 차단하는 것은 '표현의 자유와 특히 정치적 의사 표현의 자유(right to speech)를 침해'하는 결과로 이어질 수 있다는 점 역시 민주주의 체제에서 국가가 의도적 인지 공격에 대응하기 어려운 이유이다.

그러나 인지전이 수행되는 작전환경은 인지 공격이 매우 효과적인 수단으로 활용될 수 있도록 바뀌어 가고 있다. 과학기술의 발전으로 인터넷, 각종 매체, SNS, AI 기술 등이 융합되면서 개인, 집단에 미치는 영향력은 급속하게 증대하고 있다. 의사소통체계의 확대, 소셜미디어의 발전, 스마트폰 등 정보기기의 발전으로 인해 정보를 보다 빠르고 쉽게 유통하는 것이 가능해졌고 AI 등 정보처리기술의 발전은 목표 청중을 세밀하게 선정해 최적화된 정보를 전달할 수 있도록 하고 있다. 이처럼 정보의 유통 속도가 빨라지고 정보 전달 대상이 최적화되면서 악의적 목적을 가진 오염정보와 허위정보의 유통을 차단하는 것은 매우 어려운 과제가 되고 있다.

특히 긴밀하게 연결된 초연결사회에서는 이러한 미시적 위험이 '정보의 폭포'를 만들어내는 양적 전화(轉化)를 거쳐 거시적 위험으로 전환돼 심각한 안보위기로 이어질 가능성이 크다. 또한 AI 등을 이용해 대상을 최적화, 개별화한 인지 조작은 전체 국가 의식의 변화를 초래할 수 있으며 이는 국가안보의 심대한 위기로 이어질 수 있다.

익명성, 책임 귀속의 문제, 무경계성, 연결성 등 사이버 공간의 특성은 인지전에 매우 유리하다. 사이버 공간에서는 익명성과 책임 귀속의 어려움이 있기 때문에 공격행위의 주체를 완전히 특정하는 데 어려움이 있다. 특히 주체의 모호성은 사이버 공간을 이용한 공격자의 인지 공격에 용이성과 효율성을 부여한다. 사이버 공간이 제공하는 주체의 모호성으로 인해 공격자는 악의적인 허위정보나 오염정보를 유통시키는 것에 있어 보복의 위험 없이 인지 공격에 필요한 행위를 수행할 수 있다. 그리고 익명성은 SNS 공간에서의 아스트로터핑(Astroturfing)[106] 등을 통해 대중들에게 오염정보, 허위정보에 대한 신뢰성을 상승시킬 수 있는 유리한 환경을 갖게 한다.

이러한 사이버 공간은 상대의 인지 과정을 변화시키고 정신적 편견 (mental biases)이나 반사적 사고(reflexive thinking)를 이용하며, 사고

---

106. 아스트로터핑(Astroturfing)은 재정적 지원자를 위한 메시지를 재정적 지원자가 아닌 자발적이고 조직되지 않은 '풀뿌리 참가자'의 메시지인 것처럼 보이도록 하는 행위를 일컫는다. 어느 주장이나 조직의 기원에 연결된 재정 관계를 은폐하여 신뢰성을 부여하는 것이다. 정치와 행정의 영역에서 실재하지 않는 대중의 공감대가 있는 듯한 인상을 조작하려는 자들의 지원을 받아 선거 승리, 법안의 입법, 정책 결정을 달성하는 것을 목표로 하는 활동이다.

왜곡(thought distortions)을 유발하기에 매우 유리하다. 특히 AI 알고리즘인 소셜 봇은 온라인 공간에서 특정 정보를 집중적으로 확산시켜 특정 이슈만이 언급되게 하여 소위 '반향실 효과(echo chamber effect)', '필터 버블(filter bubble)'효과와 다양한 '봇 효과(bot effect)'를 극대화할 수 있다. 최근 AI의 정보조작 기술 중 가장 고도화된 '딥페이크(deep fake)' 기술은 AI 알고리즘을 이용하여 동영상 원본에 등장하는 사람을 다른 사람의 모습으로 편집하여 마치 영상 속 인물이 특정한 인물인 것처럼 조작할 수 있다.[107] 딥페이크를 이용해 진위를 식별하기 가장 어려운 종류의 허위조작정보를 제작하는 것은 10대들이 별다른 전문장비와 지식 없이도 수행할 수 있을 만큼 매우 용이하다.[108]

사이버 공간의 또 다른 특성인 무경계성과 연결성은 목적을 가진 다양한 정보들을 특정한 목표 또는 불특정 다수에게 시간, 장소에 제약을 받지 않고 쉽게 전달할 수 있는 공간이다. 사이버 공간의 이러한 특성은 다양한 정보들을 '내러티브(narrative)화'시키거나 '스토리웨폰(storyweapon)화'시키는 것을 유리하게 한다. 무경계성과 연결성은 시간, 장소에 구애받지 않고 전달할 수 있게 만든다. 특히 시간, 장소의 제약이

---

107. 송태은, 「디지털 시대 하이브리드 위협 수단으로서의 사이버심리전의 목표와 전술: 미국과 유럽의 대응을 중심으로」, 세계지역연구논총, 제39집, 1호, 2021.

108. '딥페이크 합성' 범죄자 10명 중 7명이 10대, 한국경제신문, 2021. 5. 2.

거의 없다는 점은 자원이 적은 약소국이나 비국가행위자가 '내러티브'와 '스토리웨폰'을 상대적 강대국에게 비대칭적으로 사용할 수 있어 인지 공격은 매우 효과적인 수단이 된다. 이러한 장점 때문에 특히 인지전은 권위주의 국가들이 활용하기에 더욱 유리한 작전환경인 셈이다.

인지적 왜곡과 오류를 조장한다

한편, 인지전은 이제까지 수행되어 왔던 정보전이나 사이버 심리전과는 몇 가지 차이점이 있다. 먼저 '비합리적인 행동을 하게 되는 원인'을 보는 관점이 다르다. Claverie와 Cluzel은 비합리적 행동의 원인을 심리영역과 인지적 차원에서의 관점으로 어떻게 해석하는지 예시를 통해 그 차이를 설명했다. 예를 들어 심리영역에서는 합리적이지 않은 결정을 내리는 이유를 신념, 문화적 환상, 걱정과 두려움과 같은 어떤 동기화된 영향 때문이라고 생각한다.[109]

그러나 인지적 차원의 입장에서는 주의가 낮은 부분에 집중되거나 감각이 과잉되어 정보를 제대로 인지하지 못하기 때문에, 또는 판단의 과정에서의 오류, 인지적 편견 등과 같은 인지적 문제로 인해 왜곡된 결정을 한 것으로 간주한다. 즉 인지전에서는 정보를 해석하고 받아들이는 근본적인 판단 과정에 왜곡과 오류를 야기하는 것을 목표로 한다.

표적이 되는 대상과 목적이 다르다. 미군 교범 '정보작전'에서는 정보작전을 "아군의 체계는 보호하면서 적의 인적 및 자동화 결심 체계에 영향

---

109. 이하에서는 강신욱, 「인지전 개념과 한국 국방에 대한 함의: 러시아-우크라이나 전쟁을 중심으로」, 국방정책연구, 2023, 봄(39-1), 통권 제139호를 주로 참고하였다.

을 주거나 방해, 변절, 침해하기 위해서 핵심 및 관련 지원기능을 통합 운영하는 것"으로 정의하고 있다. 이를 인지전 개념과 비교하면 정보작전과 정보전은 적의 인적 및 자동화 결심체계, 즉 적의 의사 결정자에 영향을 주기 위해 정보를 통제하는 것이다. 반면 인지전은 정보에 대한 개인과 대중의 반응을 통제하는 것을 목표로 한다. 즉 인지전은 그 목표를 의사 결정자뿐만 아니라 대중 전체를 아우른다. 이는 단순히 정보작전이 군만을 목표로 하는 것이 아니라 국가, 국민 전체를 표적으로 함을 의미한다.

마지막으로, 인지전은 심리전 등 다른 정보전의 요소보다 포괄적 개념의 전쟁이다. Claverie와 Cluzel이 지적한 것처럼 인지전은 군사행동을 위해 정보전의 모든 요소를 심리학과 신경과학의 운영적 측면들과 결합한 형태이다.

인지적 차원은 인간 차원과 기술적 차원에 영향을 주게 되는 근원적인 차원이다. 예를 들어 인터넷, 방송 등 다양한 수단들을 통해 인지적 차원에 대해 영향을 주게 된다면 인지적 차원에서는 인지 왜곡(cognitive distortion)이나 인지 포화(cognitive saturation) 등의 현상이 발생하게 된다. 이러한 인지적 차원에서의 오류 등은 인간이 의사를 결정할 때 합리적이지 못한 결정을 하도록 만들며 결국 의사결정권자의 의도대로 행동 변화를 유도하는 것이다.

이처럼 인지적 차원에서 발생한 변화는 다른 영역에 다차원적으로 영향을 미치기 때문에 최종적인 행동의 원인이 다른 수단에 의해 발생한 것으로 오해할 수도 있다. 예를 들어 우리가 누군가의 두려움이라는 감정을 느끼게 하는 사고과정을 조작할 수 있으면, 기존에는 그가 두려워하지 않았던 행동을 두렵게 느끼게 만들 수 있으며, 이 두려움이라는 심리를 이용해 인간의 행동을 변화시킬 수 있는 것이다.

클라베리와 클뤼젤의 행동 영역 간 관계를 바탕으로 볼 때 인지전에서 인지 영역은 다양한 수단으로 인해 영향을 받을 수 있으며, 영향을 받은 인지 영역은 다양한 의사결정 과정에 영향을 끼치게 되고, 결국 인간의 행동과 인간의 오류로 인한 기술적 오류 등을 발생하게 해 공격자가 방어자로부터 끌어내고 싶은 목표 행동을 유발할 수 있는 것이다.

민주국가의 보이지 않는 전장

정보콘텐츠의 흐름을 공략하라

한편, 인지적 차원에서는 인지 왜곡(cognitive distortion)이나 인지 포화(cognitive saturation) 등이 발생하는 과정은 정보의 폭포(informational cascades)를 첫 번째 단계로 하여 루머가 확산되는 과정에 대한 캐스 R. 선스타인의 설명과 유사하다는 점도 주목할 필요가 있다.

〈루머의 확산 과정 (캐스 R. 선스타인)〉

① **정보의 폭포(informational cascades)**

정보의 폭포는 유사하고 중첩되는 정보를 양적으로 쏟아부어 앞선 정보에 따라 행동하게 하는 것으로 종국적으로는 판단을 왜곡하거나 판단 자체를 포기하게 만드는 것을 의미한다.

② **동조화 폭포현상(conformity cascades)**

정보의 폭포를 통해 동조화 폭포현상(conformity cascades)이 일어나게 되면 대부분 사람들이 어떤 주장을 믿게 되거나 스스로 좋은 사람이라는 평판을 훼손하지 않고 싶은 평판 압력 때문에 최소한 주장을 반박하는 것이 불가능한 '무의사 결정'의 영역으로 전환되게 된다.

③ 집단 극단화(group polarization)

집단 극단화(group polarization)가 필요하다. 앞에 설명한 '두개의 폭포'를 통해 같은 생각을 하는 사람들끼리 정보를 교류하다 보면 점점 극단적인 견해를 갖게 되고 동질성이 강화되며 동질감이 낮거나 심리적 지지를 받지 않거나 집단을 형성하지 않았을 때는 감행하기 어려운 행동을 쉽게 결행할 수 있도록 조종할 수 있게 된다.

이러한 집단 극단화 단계에 이르면 비슷한 생각을 가진 사람들이 모여 자기들끼리만 정보를 교류하고 자신들만의 네트워크에 둘러싸여 자신들만의 정보가 모든 것인 듯 편향적으로 정보를 습득하게 되어 극단적인 생각과 행동을 실천하기 쉽다. 그리고 이런 집단을 형성하게 되면 내부에서는 점점 극단적인 주장을 하는 사람들이 동의를 얻기 쉽고 극단적인 주장을 하는 사람이 권위를 갖게 되면서 이들이 제공하는 정보나 지위와 관련된 신호가 매우 강력한 힘을 얻게 되므로 극단적인 주장을 하는 자들이 다른 사람들에게 어떤 일을 하라고 시키는 경우에는 실현될 가능성이 매우 높아진다.

집단 극단화가 이루어진 집단에 남아 있기 싫은 사람들은 집단을 떠나게 되고, 결과적으로 그 집단은 더욱 극단적인 사람들로 구성되어 내부 동질성은 강화되고 점점 더 극단화된다.

이처럼 정보콘텐츠의 흐름을 통제하기 위한 공격과 방어의 영역인 정보전과 심리전과 달리, 인지전은 정보콘텐츠를 인간의 뇌가 수용·해석하는 행위와 밀접한 개념이다. 인지전이 부상한 배경에는 인간의 정보 습득–의사결정–행동 메커니즘에 대한 광범위한 데이터의 축적뿐만 아니라 인공지능을 통한 분석 역량이 극대화됨으로써 이를 각 분야에 적용, 활용할 수 있게 되었기 때문이다. 인지전의 궁극적 목표는 '적의 담론을 압도할 수 있는 아측의 서사(narrative) 역량 확보'라 할 수 있다.

즉, 인지전 관점에서는 어느 편의 서사가 지적, 정서적, 윤리적 매력과 설득력의 우위를 갖는가에 따라 전쟁의 승패가 결정되는 것이다. 이에 서방 주요국들은 사람들의 인지적 반응 통제를 위한 정보기술, 뇌 과학 등 사회공학 전반을 포괄하는 복합 전술로서 인지전 역량을 강화하는 중이다. 실제로 미국, 영국, NATO 등에서는 인간의 생각(human mind)을 구현하는 뇌 영역 또한 향후 육·해·공·우주·사이버를 잇는 6번째 전장이 될 것으로 전망한 바 있다.[110]

인지전과 관련해 NATO는 새로운 분쟁 영역에서 다양한 도전에 직면해 있다고 판단하고 있다. 이러한 영역 가운데 우주와 사이버의 영역은 로

---

110. 각주 101과 같음.

켓, 위성, 컴퓨팅, 통신 및 인터넷 네트워킹 기술의 발전에서 비롯되었다.

소셜 미디어, SNS, 소셜 메시징과 각종 모바일 장치 기술의 점점 더 광범위한 사용은 인지전이라는 새로운 영역을 가능하게 했다. 인지전에서 인간의 마음은 전장이 된다. 인지전의 목표는 사람들이 생각하는 것뿐만 아니라 그들이 생각하고 행동하는 방식을 바꾸는 것이다. 성공적으로 진행된 인지전은 공격자의 전술적 또는 전략적 목표를 선호하도록 개인 및 그룹의 신념과 행동을 형성하고 영향을 미친다. 극단적인 형태로, 인지전은 사회 전체를 파괴하고 분열시킬 수 있는 잠재력을 가지고 있다. 인지전이 성공적으로 수행될 경우, 공격 대상이 된 사회는 그 사회가 적의 의도에 저항할 집단적 의지를 상실하게 될 수 있다. 따라서 공격자는 노골적인 힘이나 강요 없이 대상국의 사회를 제압할 수 있게 된다. 이러한 인지전의 목표는 짧은 시간의 지평으로 제한될 수도 있지만 수십 년에 걸친 작전을 통해 수행되는 전략적인 목표일 수도 있다.[111]

---

111. 이하에서는 Johns Hopkins University and Imperial College London, "Countering cognitive warfare: awareness and resilience", NATO Review, 2021. 5.를 주로 참고하였다.

인지전의 다양한 측면

즉 인지전 영역에서 단일 작전은 다른 군사 작전이 계획대로 일어나는 것을 막거나 특정 공공 정책의 변경을 강제하는 제한된 목표에 초점을 맞출 수 있다. 그뿐만 아니라 통치에 대한 의구심을 야기하고 민주적 절차를 뒤집고, 시민 소요를 촉발하거나 분리주의 운동을 선동함으로써 전체 사회 또는 동맹을 파괴하는 장기적인 목표를 가지고 여러 차례의 연속적인 작전이 수행될 수도 있다. 지난 세기 보병, 기갑 및 항공 전력의 혁신적인 통합은 새롭고 초기에는 저항할 수 없는 종류의 기동전을 초래했다. 오늘날, 인지전은 목적을 달성하기 위해 사이버, 정보, 심리 및 사회 공학 능력을 통합한다. 인터넷과 소셜 미디어를 활용하여 한 사회에서 영향력 있는 개인, 특정 그룹, 그리고 많은 수의 시민을 선택적이고 연속적으로 목표를 삼는다.

이러한 인지전은 상대국 내 의심을 뿌리고, 상충되는 서사를 도입하고, 의견을 양극화하고, 정치사회단체를 급진화하고, 정치사회단체가 응집력 있는 사회를 방해하거나 분열시킬 수 있는 행동을 하도록 동기를 부여한다. 그리고 소셜 미디어와 스마트 기기 기술이 널리 사용됨에 따라 공격 대상이 된 사회는 이런 종류의 공격에 특히 취약해질 수 있다.

특히 인지전은 목적을 달성하기 위해 허위 정보나 가짜뉴스가 필요하지 않다는 점에 주목할 필요가 있다. 2023년 4월 미국 정부 1급 기밀이 누출된 사례에서 알 수 있듯 공무원 이메일 계정을 해킹하거나 SNS에 익명으로 유출되거나, 현 정부에 반대하는 단체에 선별적으로 전달되는 당혹스러운 정부 문서는 불화를 일으키기에 충분하다.

온라인 인플루언서들의 열정을 불태우는 '사회적 메시지 작전'은 논란을 확산시킬 수 있다. 온라인 인플루언서들에게 SNS, 인터넷 커뮤니티 등을 통해 만들어진 그룹들은 시위를 조직하고 거리로 나가려는 동기를 부여받을 수 있다. 이러한 상황에서 공식적인 부인이나 모호한 대중의 반응은 혼란과 의심을 가중시키거나 대중의 계층 간에 상충되는 이야기를 고착시킬 수 있다.

종이 신문은 당신이 어떤 뉴스 항목을 읽고 싶은지 알지 못한다. 하지만 휴대폰과 태블릿 컴퓨터는 그렇지 않다. 당신이 종이 신문에서 본 광고는 당신이 광고된 상품을 사러 가게에 갔다는 것을 알지 못하지만 당신의 스마트폰은 알고 있다. 당신이 종이 신문에서 읽은 사설은 당신이 당신의 가장 친한 친구들과 열정적으로 그것을 공유했다는 것을 알지 못한다. 당신이 사용한 SNS는 그것을 알고 있다.

우리의 소셜 미디어 애플리케이션은 우리가 좋아하고 믿는 것들을 추적한다. 우리의 스마트폰은 우리가 어디에 가고 우리가 함께 시간을 보내는지를 추적한다. SNS는 우리가 누구와 연결하고 누구를 제외하는지 추적하고 우리가 사용하는 검색 엔진과 전자 상거래 플랫폼은 추적 데이터를 사용하여 우리의 선호도와 신념을 행동으로 전환하거나 구매하지 않았을 수도 있는 물건을 구매하도록 자극한다. 지금까지 소비자 사회는 그 혜택을 보고 받아들여 왔다.

마찬가지로 태블릿 컴퓨터는 해당 인터넷 페이지에 우리가 계속 머물도록 우리가 좋아할 만한 뉴스를 제공한다. 그리고 이전에 구매한 상품을 기준으로 취향에 맞는 광고를 표시하고, 쿠폰이 스마트폰에 표시되어 '우연의 일치'로 현재 경로에 있는 상점에 들르도록 유도한다. SNS는 우리가 진심으로 동의하는 의견만을 제시한다. 조용히 '친구 삭제'를 하거나 스스로 떠나는 사람들이 있기 때문에 우리 소셜 네트워크 커뮤니티의 친구들도 거의 같은 의견만을 공유한다.

우리는 점점 더 불쾌하거나 방해가 되는 뉴스 아이템, 의견, 제안 및 사람들이 나타날 경우 빠르게 배제되는 편안한 거품에 빠져들고 있다. 위험스러운 것은 사회 전체가 다른 것들로부터 분리된 편안함으로 가득한 작고 많은 거품의 벽으로 분열될 수 있다는 것이다. 이러한 분열과 단절이 강화될수록 거품의 벽이 깨져 서로 접촉할 때마다 극심한 충격이 발생할 가능성이 더 높아진다.

SNS가 제공하는 이러한 거품의 벽은 일반적으로 선거를 전후한 정기적인 공론의 장에서 제시되는 다양한 정견, 공개된 공론의 장에서의 공개 토론을 통해 다원주의 사회의 공공 문제에 관한 의식이 제공해왔던 조절적 영향력을 약화시킬 수 있으며, 우리의 감성은 더 쉽게 교란되도록 조작될 수 있다. 한때 활기찬 개방 사회였던 것이 대신 같은 영토에 공존하는 여러 폐쇄적인 소규모 사회의 집합이 됨에 따라 분열과 혼란의 대상이 되고 있는 것이다.

스마트 기기를 통해 무너져 가는 시민의 인지 능력

우리의 인지 능력은 또한 소셜 미디어와 스마트 기기에 의해 약화될 수 있다. 소셜 미디어 사용과 관련해 노벨상을 수상한 행동주의 경제학자 다니엘 카네만은 저서 『생각에 관한 생각』에서 인지적 편견과 선천적인 결정 오류를 묘사하고 있다. 선호도에 맞는 결과를 제공하는 뉴스 피드와 검색 엔진은 확증 편향을 증가시키며, 이를 통해 우리는 새로운 정보를 해석하여 우리의 선입견을 강화하게 된다. 소셜 메시징 앱은 사용자에게 새로운 정보를 신속하게 업데이트하여 최근의 편향을 유도하여 과거에 발생한 사건보다 최근에 발생한 사건의 중요성을 과대평가하게 한다. 메시지와 뉴스 발표의 빠른 속도와 이에 신속하게 대응해야 한다는 인식은 '느리게 생각하는 것과 반대로 반복적이고 감정적으로 빠르게 생각할 것을 촉진한다.' 유명하고 평판이 좋은 뉴스 매체들도 이제는 뉴스 기사의 문제를 확산시키는 감정적인 헤드라인을 사용한다.

사람들은 콘텐츠를 공유하는 횟수를 늘리는 한편 콘텐츠를 읽는데 시간을 덜 사용하고 있다. SNS는 종종 중요한 맥락과 뉘앙스를 생략하는 짧은 정보를 배포하도록 최적화되어 있다. 이로 인해 SNS는 의도적으로 또는 의도하지 않게 잘못 해석된 정보나 편향된 서사의 확산을 촉진할 수 있다. 소셜 미디어 게시물의 간결함은 눈에 띄는 시각적 이미지와 결합하여 독자들이 다른 동기와 가치를 이해하는 것을 방해할 수 있다.

인지전의 우위는 공격의 시간, 장소, 수단을 선택할 수 있는 데 있다. 인지전은 다양한 매개체와 매체를 사용하여 수행될 수 있다. SNS의 개방성은 소셜 메시지, 소셜 미디어 영향력, 각종 콘텐츠의 선택적 공개, 비디오 공유 등을 통해 공격자가 개인, 선택된 그룹 및 대중을 쉽게 대상으로 삼을 수 있도록 한다. 사이버 역량의 발전은 스피어피싱[불특정 다수의 개인 정보를 빼내는 피싱(phishing)과 달리 특정인의 정보를 캐내기 위한 피싱 공격], 해킹, 개인 및 소셜 네트워크 추적을 가능하게 한다.

적절한 방어를 위해서는 적어도 '인지전이 수행되고 있다'는 인식이 필요하다. 그리고 의사 결정자가 행동을 결정하기 전에 관찰하고 방향을 잡을 수 있는 능력이 필요하다. 기술 솔루션은 인지전이 진행되고 있는가? 원천은 누구인가? 수행하고 있는 주체는 누구인가? 인지전의 목적은 무엇인가? 같은 몇 가지 주요 질문에 답할 수 있는 수단을 제공할 수 있다. 반복되고 유형화할 수 있는 행위 패턴은 심지어 그들을 식별하는 데 도움을 줄 수 있는 특정 행위자들에게 고유한 '지문'을 제공할 수도 있다.

인지전 모니터링과 경보 시스템은 특히 유용한 기술 솔루션이 될 수 있다. 이러한 시스템은 수행되고 있는 인지전 작전을 식별하고 인지전이 수

민주국가의 보이지 않는 전장

행되는 과정을 추적하는 데 도움이 될 수 있다. 여기에는 광범위한 소셜 미디어, 방송 미디어, 소셜 메시징 및 소셜 네트워킹 사이트의 데이터를 통합하는 체계가 포함될 수 있다. 이것은 시간이 지남에 따라 의심스러운 활동의 발전을 보여주는 지리 정보를 포함한 소셜 네트워크 지도를 현출할 수 있다.

　소셜 미디어 게시물, 메시지와 뉴스 기사가 발생하는 지리적 위치와 가상 위치, 논의 중인 주제, 정서 및 언어 식별자, 유포 속도 및 기타 요인을 식별함으로써 연결 및 반복 패턴을 나타낼 수 있다. 공유, 의견, 상호작용 등 소셜 미디어 계정 간의 링크를 확인할 수 있다. 머신러닝과 및 패턴 인식 알고리즘을 사용하면 사람의 개입 없이 새로운 활동을 신속하게 식별하고 분류하는 데 도움이 될 수 있다. NATO는 이러한 시스템을 통해 실시간 모니터링을 가능하게 하고 NATO와 동맹국의 의사 결정자에게 적시에 경고를 제공하여 활동의 출현과 진화에 적절한 대응을 수립하는 것을 검토하고 있다.

러시아의 인지전 양상

러시아는 인지전의 개념이 없으며 정보와 심리적 대립의 개념을 사용한다.[112] 그러나 사람들의 생각과 가치에 영향을 주기 위해 디지털 수단을 사용하는 이 방법은 아래에서 설명할 중국이 인지전이라고 부르는 것과 비슷하다. 그리고 러시아는 2014년 우크라이나 동부를 병합하는 과정에서 인지전에서 성공한 것으로 평가받는다.

2014년 크림반도를 점령한 러시아는 인간의 인지 영역에서 매우 유효한 전투를 벌인 것으로 평가된다. 국적과 계급, 군종 등이 표시되지 않은 군복을 입은 이른바 '작은 녹색 남자'라고 불리는 병력이 크림반도를 점령하자 블라디미르 푸틴 대통령은 즉시 러시아의 개입을 부인하는 성명을 발표했다. 불과 몇 시간 만에 그의 발언은 워싱턴 포스트(Washington Post), BBC 등 서구 미디어를 통해 확산됐다. 푸틴의 발언은 크림반도 병합을 위한 '사이비(似而非)' 국민투표의 결정적 시기에 우크라이나 국민의 인식을 오도하고 국제사회의 개입을 막아 국제사회의 여론을 조작하려는 데 있었다.

---

112. Koichiro Takagi, "The Future of China's Cognitive Warfare: Lessons from the war in Ukraine", Texas National Security Review, 2022

러시아는 또한 대중 매체와 트롤[113] 공장(troll factory)을 사용하여 "정교한 방식으로 우크라이나의 러시아인을 탄압한다"는 '전략적 서사'를 퍼뜨렸다. 이 전략적 서사는 러시아의 우크라이나 침공에 대한 합법성을 주장하고 국제사회에서 우크라이나가 잘못되었다는 부정적 인식을 만드는 데 목적이 있다. 이 전략적 서사는 러시아의 우크라이나 침공에 합법성을 부여하고 국제사회에서 우크라이나의 잘못이라는 잘못된 인식을 조성하기 위한 것이었다. 예를 들어, 러시아는 '우크라이나의 오데사 친러시아 주민 학살'과 '오데사 대학살 언론 은폐'와 같은 가짜뉴스들이 겹쳐져 진실이 은폐되고 있다는 인상을 심어주어 국제사회에 잘못된 인식을 전하였다.

그러나 지금 러시아는 현재 진행 중인 우크라이나 침공에서 물리적 영역뿐만 아니라 인지전 영역에서도 목표를 달성하지 못하고 있다. 억압받는 러시아 인구를 구출하기 위한 특별 군사 작전의 주장은 2014년에 그들이 사용한 전략적 서사와 같으며, 이는 국제사회에 합법성을 주장하기 위한 것일 수 있다. 그러나 이 전략적 서사는 러시아 내에서 효과가 있었지만 2014년처럼 국제 여론에 영향을 미치지는 못한 것으로 평가받고 있다.

---

113. 인터넷 문화에서 고의적으로 논쟁이 되거나, 선동적이거나, 엉뚱하거나 주제에서 벗어난 내용, 또는 공격적이거나 불쾌한 내용을 공용 인터넷에 올려 사람들의 감정적인 반응을 유발시키고 모임의 생산성을 저하시키는 사람을 가리킨다. 또한, 진행되는 논의를 혼란하게 하는 사람을 의미하기도 한다.

이처럼 2014년과 달리 러시아가 인지전 영역에서 실패한 것은 우크라이나의 경험이 우크라이나의 대응에 영향을 미쳤기 때문이다. 먼저 우크라이나 대통령 볼로디미르 젤렌스키는 러시아의 위협에도 굴하지 않고 수도 키이우에 남아 있었고 이는 젤렌스키가 도주했다는 러시아의 발표로 시작된 인지전 활동에 초기부터 타격을 줬다.

또한 우크라이나 정부는 정확한 정보를 전파하고, 우크라이나 국민의 단합을 유지하며, 국제사회로부터 높은 수준의 지지를 얻고, 수많은 국가로부터 물리적 지원을 확보할 수 있었다. 우크라이나 정부는 또한 러시아군과 싸우고 우크라이나의 용기와 러시아의 군사적 만행을 국제사회에 보여주기 위해 미국이 제공한 출처가 공개된 정보원천(open source)과 정보(intelligence)를 이용했다.

이처럼 미국의 지원은 우크라이나 침공과 함께 러시아가 수행한 인지전 영역에서 중추적인 역할을 해왔다. 구체적으로 미국은 전쟁이 시작되기 전에 푸틴의 우크라이나 침공 결정을 알리기 위해 비밀 정보를 신속하게 공개하는 '사전 버튼 전략(prebuttal strategy)'을 사용했다. 미국의 이러한 전략은 매우 주효한 것으로 평가되고 있다. 미국의 사전 버튼 전략은 러시아 전략적 서사의 신뢰성을 사전에 최소화하고 민주주의 국가들 간의 더 큰 응집력의 환경을 조성하여 우크라이나에 대한 물질적 지원으로 이어지

민주국가의 보이지 않는 전장

게 했다. 그리고 미국 사이버군이 제공한 정보통신 인프라 등의 보호와 첨단기술 기업의 지원은 우크라이나의 정보통신 인프라를 유지하는 데 필수적인 역할을 수행함으로써 우크라이나가 전 세계에 정보를 신속하게 전파할 수 있도록 했다.

중국의 인지전 전략

중국의 한 군사 이론가는 인지전을 '승리를 얻기 위해 여론, 심리적, 법적 수단을 사용하는 것'으로 묘사한다. 최선의 전쟁은 싸우지 않고 적의 저항을 꺾는 것이라는 손자병법에 따라 중국은 오래전부터 '몸싸움 없이' 적을 무찌르는 것이 이상적이라고 생각해 왔다.

2003년 개정된 중국인민해방군(PLA) 정치 공작 규정은 PLA가 수행할 '세 가지 전투'를 제시했다. 이는 ① 국내·외 여론에 영향을 미치는 여론전, ② 적군과 민간인에게 충격을 주고 사기를 떨어뜨리는 심리전[서구의 교리에서는 정보전(information warfare)에 해당함], ③ 국제법과 국내법을 의도적으로 조작해 중국은 법을 준수하고 상대국은 법을 위반하는 것처럼 인식되도록 함으로써 국제적 지지를 얻는 법률전으로 구성된다. 즉, 이 세 가지의 전투는 모두 인지전과 밀접한 관련이 있다.[114]

2000년대 초 중국 전략가들에 의해 발표된 여러 논문은 미래의 정보 전쟁이 물리, 정보, 인지의 세 가지 영역에서 공존할 것이라고 주장해왔다. 이들은 시간이 지남에 따라 인지 영역의 중요성이 증가하여 결국 전쟁

---

114. 각주 112와 같음.

의 중추적인 지점이 될 것이라고 예측했다. 지난 20년간 중국 전략가들에 의해 출판된 많은 연구들은 전쟁이 지상, 해상, 공중, 우주의 물리적 영역 뿐 아니라 정보통신 네트워크와 이를 통해 유통되는 정보의 영역, 지도자의 의지와 여론 등 인간 인지의 영역으로 구성되어 있다.

2000년대 중국의 전략가들은 정보통신 기술에 관심을 집중했다. 특히 최근 몇 년 동안 그들은 인공지능과 소셜 미디어와 같은 디지털 기술 외에도 '뇌 과학'의 발전에 초점을 맞추고 있다. 예를 들어, 인민해방군 전략지원군 정보공학대학 총장 궈윤페이(Guo Yunfei)는 2020년 이러한 물리, 정보, 인지 영역 중 강대국 간 군사적 대결의 궁극적 영역은 인지 영역이 될 것이라고 주장했다.

인지 영역에서의 전쟁은 감정, 동기, 판단, 행동에 영향을 미치고 심지어 적의 뇌를 통제하면서 뇌에 직접적인 영향을 미치는 것을 의미한다. '인지의 엔진'인 뇌는 미래 전쟁의 주요 전장이 될 수 있다. 뇌를 통제하는 능력은 미래 전쟁에서 가장 중요한 인지 영역에서 싸우는 열쇠가 될 것이다. 궈윤페이는 또한 인지 영역에서의 작전은 물리, 정보 영역에서의 작전과 정반대의 양상을 보인다고 설명했다. 즉 싸우지 않고 적을 물리치는 아이디어를 구체화해야 한다고 강조했다.

또한 전 인민해방군 부총참모장 Jianguo는 미래의 전쟁에서 상대의 인지 영역을 통제하는 사람들은 싸우지 않고 그들을 제압할 수 있을 것이라고 말했다. 따라서 인민해방군 고위 장교들은 인지 영역에서의 작전이 싸우지 않고 적의 저항을 꺾겠다는 손자병법을 구체화하고 있다고 주장했다.

이러한 인지전의 개념은 2019년 언급된 중국의 새로운 군사 전략인 '지능화된' 전쟁과 기존의 '정보화된' 전쟁 군사 전략에 통합되어 더욱 강화한다. 지능화된 전쟁은 인공지능을 사용하는 것에 초점을 맞추고 있는데 ① 증가된 정보 처리 능력, ② 빠른 의사결정, ③ 무리의 사용, ④ 인지전이라는 네 가지 주요 특징이 있다.

중국 전략가들은 인간 인지가 지능화된 전쟁의 초점이며, 전략적 목표는 적 인지에 대한 직접적인 행동을 통해 달성될 수 있다고 밝히고 있다. 전 인민해방군 참모차장인 치지안구오(Qi Ji Jianguo)는 차세대 인공지능 기술 개발에서 우위를 점하는 사람들이 국가 안보의 생명선인 인간 인식을 통제할 수 있을 것이라고 말했다.

중국 전략가들은 또한 적 병력의 뇌를 직접적으로 간섭하거나 잠재 의식적으로 통제하는 것은 적의 정신적 손상, 혼란, 환각을 유발하여 무기를 내려놓고 항복하도록 강요할 수 있다고 주장한다. 중국이 적의 두뇌를 통제하기 위해 미래의 기술을 어떻게 사용할 것인지는 확실하지 않다. 다만 현재 사용 가능한 기술로 한정하면 인민해방군은 군사행동과 사용을 통한 위협을 고려하고 있는 것으로 보인다.

또한 중국군이 활용하려는 허위 정보와 위협에는 특정 지역에 병력을 배치하고 기동 배치하는 것, 전략 핵무기 부대의 작전 준비, 위협 목적의 군사 훈련을 수행하는 것 등이 포함되며 인터넷과 텔레비전 방송을 통해 허위 정보가 유포될 수 있다. 그리고 지휘관의 판단을 오도하기 위해 전자파 또는 사이버 수단에 의한 적의 첩보, 감시, 정찰 활동을 기만하는 것도 포함된다.

지능화된 전쟁 옹호자인 팡훙량(Pang Hongliang)은 감시를 위한 소형 무인 시스템의 사용과 같은 광범위한 미국의 기술적 성과와 인간의 인지에 영향을 미치는 최신 기술의 중요성에 대해서도 언급한 바 있다. 예를 들면 사이버 공간에서 운영되는 소셜 미디어 봇과 같은 무인 시스템이 여론을 조작할 수 있으며, 미래에는 작은 동물을 닮은 초소형 무인 시스템이 대통령이나 다른 최고 의사 결정자의 방에 몰래 들어가 위협하거나 죽일 수 있다고 지적했다. 모두 적의 의지를 제압하고 통제하는 것이다.

하지만 많은 중국 고위 장교와 전략가들이 주장하는 바와 같이 전장에서 병력 사이에 '물리적 전투 없이 인지전만으로 승리를 확보하는 것'이 가능한 것인지는 의문의 여지가 있다. 우크라이나 전쟁의 교훈은 물리적 전투 없이 인지전만으로 전쟁에서의 승리를 확보하겠다는 중국군의 인지전 전략에 영향을 줄 것이다. 평시에 중국이 수행하고 있는 인지전의 양상에 대해서는 인지전과 민주주의에서 상세히 다루기로 한다.

인지전에 대한 일본의 대응

2022년 일본이 채택한 새로운 안보 정책들은 민주주의 국가가 새롭게 부상하고 있는 인지전의 위협을 어떻게 대처할 수 있는지에 대한 귀중한 통찰력을 제공한다. 기시다 정부의 세 가지 전략 문서는 이러한 형태의 갈등으로 인해 제기되는 문제를 해결하기 위해 부서 간 통합된 접근 방식을 제시하고 있다. 일본 국가 안보의 최고 정책 문서인 국가 안보 전략은 해외에서 발생하는 허위 정보를 수집 및 분석하고, 외부 의사소통을 개선하고, 비정부기구와의 협력을 강화하기 위해 정부 내에 새로운 기관을 설립할 것을 제시하고 있다. 또한 정부 기관 간의 전략적 의사소통과 그 구현의 중요성을 강조한다.[115]

일본의 방위목표 달성을 위한 수단과 접근방법을 정리한 일본의 방위전략은 급변하고 복잡한 전투 환경에서 자위대의 효과적인 운용을 보장하는 데 '의사결정 과정의 우월성'이 중추적인 역할을 한다는 점을 강조하고 있다. 이를 바탕으로 국방 7대 핵심역량 중 하나로 지휘통제정보 관련 기능을 강화할 것을 명시했다. 또한, 방위전략은 인지 영역을 중심으로 하이브리드 및 통합 정보 전쟁에 대응하기 위한 일본의 정보 능력을 2027

115. Taro Nishikawa, "The Mind Is a Battlefield: Lessons from Japan's Security Policy on Cognitive Warfare", 49security, 2022.

년까지 개발하겠다는 계획을 구체적으로 강조하고 있다.

국방력 증강 프로그램은 이러한 정보 기능에 대한 보다 심층적인 설명을 제공한다. 이 프로그램은 통합정보전에 대한 자위대의 대응에 중요한 역할을 하기 위해 구축되는 국방정보본부 내의 새로운 시스템에 대해 개략적으로 설명하고 있다. 새로운 시스템은 다른 나라의 동향과 관련된 오픈 소스 정보를 수집하고 분석하며 소셜 네트워킹 플랫폼에서 자동으로 데이터를 수집하여 정보의 신뢰성을 검증하는 기능을 갖추고 있다. 또한 이 시스템을 통해 일본의 안보에 영향을 미치는 다양한 상황에 예측 기능을 확보할 예정이다. 방위력 증강 프로그램은 자위대 정보부가 정보 획득, 분석 및 보급 능력을 강화하고, 지상 및 해상 자위대 내에 새로운 부대를 창설해 작전 및 전술 수준의 인지전을 수행·대응한다는 점도 주목할 만한 부분이다.

일본의 신 안보정책은 허위정보를 인지 공격으로 규정하고 인지전 대응책으로 새로운 길을 개척하고 있다. 식별된 허위 정보를 신속하게 공유하고 정부의 모든 수준에서 사실인 정보를 전파하는 메커니즘을 구축함으로써 일본 정부는 두 가지 주요 목표를 달성할 수 있다.

첫째, 다른 나라의 인지 공격에도 불구하고 정부가 국민들에게 정확하고 신뢰할 수 있는 정보를 제공할 수 있게 한다. 현대 전쟁에서 국가는 허위 정보를 종종 다른 수단과 함께 여론을 조작하기 위해 상대국을 대상으로 이용한다. 이런 상황에서 정부가 정확하고 신속하게 허위 정보를 분석하는 것이 더욱 중요해진다. 이를 바탕으로 정부는 사실인 정보를 대중에게 제공할 수 있다.

둘째, 정부의 의사 결정자가 정보에 입각한 상황 판단을 내릴 수 있는 기반을 제공한다. 인지전의 대상은 일반 대중을 넘어 확장된다. 미래의 분쟁에서, 국가들은 상대국의 결정을 잘못 지시하거나 상대국이 완전히 결정을 내릴 수 없게 만들 목적으로 상대국의 지도자, 지휘관, 심지어 최전방 군인들에게 영향을 미치기 위해 가용한 모든 수단을 사용할 것이다. 따라서 모든 수준에서 정보의 진정성을 평가할 수 있는 정부의 능력은 인지 전쟁 시대에 건전한 의사 결정을 위한 토대를 마련한다.

그러나 인지전에 대응하기 위한 일본의 야심 찬 계획이 전혀 문제가 없는 것은 아니다. 가장 중요한 문제 중 하나는 인지전에 대응하려는 노력이 민주주의 체제를 위태롭게 할 수도 있다는 것이다. 예를 들어, 새로운 전략 문서가 작성되기 전인 2022년 12월 9일 교도통신은 일본 방위성이 여론을 주도하기 위해 AI 주도 시스템을 구축할 계획이라고 보도했다. 보고서는 새로운 시스템이 국방 정책에 대한 온라인 지원을 창출하고, 유사시 특정 국가에 대한 적대감을 조장하며, 대중들 사이의 반전 감정을 억제하기 위한 목적으로 영향력 있는 사람들이 알지 못하는 사이에 정부에 유리한 정보를 홍보하도록 설계되었다고 밝혔다. 나흘 뒤 하마다 일본 방위상이 이들 보도에 대해 격렬하게 반박했지만, 일본 정부가 새로운 인지전 대응 조치를 시행하면서 민주주의와 여론 형성에 대한 일본 국민의 신뢰를 어떻게 유지할지는 여전히 불투명하다. 일본 정부의 인지전에 대한 새로운 대응 조치는 여론형성 과정에 직접 영향을 미치는 것으로 정부 개입을 통해 민주주의의 정치과정 그 자체를 왜곡하는 것으로도 귀결될 수 있기 때문이다.

이러한 일본의 경험은 민주주의 국가들이 전쟁의 인지적 차원을 다루는데 있어 직면한 중대한 도전을 강조한다. 외국의 인지 공격으로부터 자국민을 보호하기 위해, 정부는 사실과 정보를 적절하게 평가하고 전파해야 한다. 이와 더불어 정부는 신중하게 움직여야 한다. 인지 영역에 대한 정부의 과도한 개입은 여론 조작을 초래하여 민주주의 정치 과정을 훼손할 수 있기 때문이다. 따라서 민주주의 체제를 보존하면서 인지전에 효과적으로 대응하기 위해서는 국가가 사회의 모든 부문에 참여하고 제3의 행위자를 통해 정부 정보에 대한 건전성 검사를 포함하는 투명한 시스템을 구축하는 것이 필수적이라는 지적도 나오고 있다.

한편, 아래와 같이 인지 공격이 특히 평시에도 여론 조작 등을 통해 선거에 영향을 미치거나 국가적 의사결정을 왜곡하는 것을 주된 목표로 수행되고 있는 것이 현실이다. 따라서 인지 공격, 즉 인지전에 대한 대응은 민주주의 체제를 수호하기 위해 반드시 필요한 것이라는 점이 우선적으로 고려되어야 한다.

대만 허민청(Hsu Min-Cheng)은 2024년 5월 Indo-Pacific Affairs 에 게재한 "Inoculating Society against Authoritarian Influence in the Digital Age: Fortifying the Barracks against Authoritarian Cognitive Warfare"에서 2023년에 발표된 대만 국방 보고서를 인용해 중국 공산당이 오해의 소지가 있는 이야기를 소셜 미디어 플랫폼에 퍼뜨려 민주주의 체제에 대한 신뢰를 약화하고 중국의 어젠더를 홍보하는 데 조직적인 허위 행동과 알고리즘 조작을 활용하고 있다고 설명했다.[116]

허민청은 특히 전 세계 중국 커뮤니티 내에서 상당한 영향력을 행사하고 있다면서 "중국 공산당이 활용하는 방법에는 인터넷 해킹 및 침투, 논란의 여지가 있는 메시지 유포, 화려한 프로파간다 전파, 통일전선 전술 활용, 고의적 왜곡, 직접적인 위조, 분열 조장, 도발 등이 있다"고 지적했다.

---

116. Hsu Min-Cheng, "Inoculating Society against Authoritarian Influence in the Digital Age: Fortifying the Barracks against Authoritarian Cognitive Warfare" Indo-Pacific Affairs 2024. 5.

허민청은 중국 공산당(CCP) 이데올로기와 선전을 강화하기 위해 허위 정보를 퍼뜨리면서 합법적인 실체로 가장한다면서 예를 들어 잔치혼(ZhanChiHon)은 뛰어난 중국 군사 전문 크리에이터라고 주장하면서도 2023년 12월 15일 현재 이스라엘 하마스 분쟁, 러시아의 우크라이나 침공, 대한민국 등 국제 군사 문제를 다루는 짧은 동영상 388개를 업로드했다고 밝혔다.

허민청은 잔치혼이 게시한 388개의 동영상 중 대부분은 매우 편견적이고 반미 관점을 담고 있는데. 일부 콘텐츠는 2023년 11월 이스라엘과 하마스가 일시적으로 총격을 중단하고 포로를 교환하기로 합의한 내용을 묘사하는 등 시청자를 오도하려 한다고 지적했다. 잔치혼은 이처럼 상호 양보를 왜곡하여 이스라엘이 국제사회의 압력에 굴복하고 군사 작전의 차질로 인해 결정을 내려 하마스를 지지하고 거짓 선전을 영속시키는 것으로 묘사하고 있다는 것이다.

허민청에 따르면 이러한 중국어 동영상은 공산주의 중국 내 인터넷에 넘쳐났을 뿐만 아니라 TikTok 및 기타 다양한 소셜 미디어 플랫폼에도 널리 확산되고 있다. 이러한 편향된 동영상의 영향력은 전 세계 중국어를 사용하는 커뮤니티로 확장되어 인식을 형성하고 심지어 미국 내의 다른 인종 그룹에도 영향을 미친다고 허민청은 평가했다.

허민청은 중국 공산당 중앙위원회 사무국장이 이끄는 연합전선부가 중국 학생 및 장학생 협회 등 다양한 국가 전선 조직과 하위 조직을 감독하고 있다고 강조하고 이에 대만 국방부는 인지전의 전술과 목표에 대한 포괄적인 연구를 수행했으며, 최근 몇 년간 국내외 뉴스에 대한 경계 태세를 유지하고 조작된 정보를 즉시 식별해 부정적인 영향을 무력화시키는 등 다양한 대응 조치를 시행해 왔다고 밝혔다.

허민청은 '미디어 리터러시'를 향상하고 사회적 저항을 촉진하며, 적대적인 영향력 캠페인에 대해 대중에게 '예방 접종'을 진행하는 사회 전반적인 접근법을 연구하고 있는 현역 군인이자 연구자이다.

허민청은 "민주주의 국가들은 인지적 국방력을 강화하고 수정주의적이며 권위주의적인 정권에 맞서 자국의 가치와 주권을 보호할 수 있다"고 말하며, "대만과 대만 국방부가 추진한 구상은 인도·태평양 지역의 동맹국과 서로 같은 뜻을 지닌 국가들에게 귀중한 교훈과 모델이 될 수 있다"고 덧붙였다.

인지전과 민주주의

8장 민주주의와 여론

여론은 인위적 조작이 가능하다

NATO가 정의한 바와 같이 '인지전'은 "대중 및 정부 정책에 영향 (influencing)을 미치려는 목적으로, 또는 정부의 행동 및 제도를 불안 정화(destabilizing)하는 것을 목적으로 외부 주체가 여론을 무기화하는 것"이다. '대중'의 집단적 의견 체계, 즉 '여론'에 의하여 움직이는 정치 질 서라고 정의할 수 있는 민주주의 국가는 인지전에 매우 취약할 수밖에 없 다. 정치학에서 여론이란 '관심 있는 사람들'의 자유롭고 활발한 의견교환 으로 추출된 합리적이고 보편적인 합의로 정의된다. 즉 여론은 현실적으 로 사회 대부분의 사람을 의미하는 공중(公衆)의 의견이라기보다는 여론 의 산출과정, 즉 '해당 주제에 대한 토론에 참여한 능동적 소수'의 의견을 의미하기 때문에 의도적이고, 인위적 조작이 가능하다는 특징이 있다.

또한 여론 형성 주체로서의 역할은 전통적으로 '여론과 민주주의 사이'
에서 양자를 상호 매개하고 조정하는 역할을 해온 언론과 정치 과정의 측
면에서 수요 측인 시민들의 요구를 공급 측인 국가와 정부에 연결해주는
가교 역할은 전통적으로 정당이 담당해왔다. SNS, 1인 미디어, 비정부기
구(NGO)의 등장은 민주주의 핵심 요소인 정치적 반응성과 책임성, 그리
고 정치적 효능감을 강조하는 참여 민주주의와 숙의 민주주의에 대한 이
론적, 현실적 관심과 맞물리면서 민주국가에서 정책 결정과 정치적 의사
결정 과정에서 여론이 미치는 영향은 점차 커지고 있다.

이처럼 민주주의 정치체제에서 여론의 영향이 커지면서 정치 커뮤니케
이션(political communication)의 중요성 역시 매우 커지고 있다. 정치
커뮤니케이션은 '정치체제의 기능을 구축 또는 정치체제를 기능시키는 메
시지나 상징(symbol)의 교환'[1]을 의미하는데 이러한 정치 커뮤니케이션의
수단인 정치적 언어, 정치적 수사(rhetoric), 정치적 선동(propaganda)과
선전, 토론이 활발하게 작동하는 공간으로서 SNS, 1인 미디어의 역할은
정보통신기술의 발전으로 급격하게 커지고 있다.

---

1. 21세기 정치학대사전 참조

따라서 해당 국가에 적대적인 외부 세력으로서는 SNS, 1인 미디어를 통해 여론을 조작하는 방법으로 민주주의를 구현하는 핵심적인 정치과정인 선거에 개입해 상대국에 치명적인 결과를 일으키고자 하는 유인을 가질 수밖에 없다. 권위주의 국가들이 자유로운 접근이 가능한 SNS와 1인 미디어를 통해 선거가 임박한 민주주의 체제인 상대국의 여론을 조작함으로써 유권자들로 하여금 자국의 이익을 해치는 정치적 의사결정을 하도록 유도하려는 시도는 2016년 미국 대선과 영국의 브렉시트(Brexit) 국민투표 이래 지속적으로 확인되고 있다.

선거 개입에 대한 견제와 경고

이러한 시도에 대한 민주주의 국가들의 대응 역시 점차 공세적이고 체계적인 것으로 전환하고 있다. 2019년 미국 의회는 외국 정부나 조직이 미국 내 특정 기관이나 단체를 지원하거나 언론 조작, 테러 등을 통해 미국 국내 정치에 개입하는 것을 막기 위해 '해외악성영향센터'를 설치할 것을 국방수권법에 명시한 바 있다. 실제로 2021년부터 국가정보국(DNI) 소속으로 '해외악성영향센터'가 운영 중이다.[2]

특히 선거를 앞두고 선거에 개입하려는 외부 세력에 대한 견제와 경고는 점차 활발해지는 추세다. 2018년 12월 17일 미국 상원 정보위원회는 러시아가 각종 소셜미디어(SNS)를 사용해 2016년 미국 대선을 비롯한 여러 정치적 문제에 영향을 끼쳤다는 내용을 담은 두 개의 보고서를 발표한 것이 대표적이다. 2018년 8월 4일 국가정보국(DNI) 국장, 연방수사국(FBI) 국장, 국가안보국(NSA) 국장, 국토안보부(DHS) 장관, 국가안보보좌관 등이 백악관 정례 브리핑을 통해 외부 세력이 미국 선거에 개입 가능성에 대해 경고하기도 했다. 같은 해 미군 사이버 사령부는 러시아 공작원들에게 중간선거에 개입하지 말라는 경고를 보냈다는 사실을 공개했다.[3]

---

2. 미 국가정보국, 북한·중국 등 '적대국' 악성행위 대응조직 신설, 연합뉴스, 2021. 4. 28.
3. 안보수장들, 러시아 위협 재차 경고… 연방정부, 연비 기준 강화 동결, V.O.A., 2018. 8. 4.

또한 한 미국 유력 일간지는 2022년 11월 8일(현지시각) 치러졌던 미국 중간선거를 앞두고 러시아 당국이 미국 소셜미디어에서 유권자들의 여론 조작을 시도하고 있다는 분석이 나왔다고 보도하기도 했다. 직접 미국 현지 SNS 계정을 운영하면서 가짜뉴스 등으로 우크라이나 군사 지원에 호의적인 민주당을 공격하고 우크라이나 지원의 부당성을 적극적으로 유포하고 있다는 것이다.[4]

미국 사이버보안 및 인프라 보안국(CISA) 국장 역시 미국 중간 선거일이 임박한 2022년 10월 29일 미국 NBC방송과의 인터뷰에서 "올해 중국이 몇몇 주에서 선거 관련 자료(데이터베이스)를 해킹하다 적발됐다"면서, 다가오는 11월 8일 미국 중간선거에 위협 요인으로 러시아, 중국, 이란과 함께 북한을 지목했다. 미 국토안보부(DHS) 차관은 역시 미국 중간선거를 앞둔 2022년 10월 28일 '내년도 국토안보부 사이버 우선순위'를 주제로 미국 전략국제문제연구소(CSIS)가 개최한 간담회에서 "중간 선거를 위해 안전한 선거 체계(시스템)를 확보하는 데 매우 집중"하고 있다고 경고하기도 했다.[5]

---

4. "러, 美 중간선거 앞두고 '댓글부대' 가동… 극우 SNS서 활개", 연합뉴스, 2022. 11. 7.
5. "美, 중간선거 위협요인으로 北 지목… 부세력 선거개입 적극 대응", 서울평양뉴스, 2022. 11. 1.

이에 앞서 미국은 2018년 미국 첩보기관의 핵심 공직자들이 과거, 현재, 미래의 미국 선거 보안과 관련해 각종 보고서, 평가서, 권고서를 제출하도록 의무화하고 투표 기기 보안, 투표 관련 전자 기술, 사이버 위협 탐지, 연방·주·지역별 선거 담당 공무원과의 소통 수단 및 방법 등에 대한 구체적인 조치를 밝히도록 하는 것을 주요 내용으로 하는 2018 회계연도 첩보수권법(Intelligence Authorization Act for Fiscal Year 2018)을 통과시키기도 했다.[6]

---

6. 러시아의 선거 개입 막을 '첩보수권법' 美 상원 통과, 보안뉴스, 2017. 8. 30.

9장 공산권 국가의 전통, '통일전선전술'과 인지전

인지전은 공산권 국가에서 전통적으로 수행해온 통일전선전술(united front strategy)과도 맥을 같이 하는 측면이 있다. 레닌주의 전통에서 '통일전선'이란 강한 적에 대항하기 위해 공동의 적을 두고 있는 다른 세력과 일시적으로 연합하는 공산당의 행동노선을 의미한다. 이 통일전선을 형성하는 것과 관련된 전술전략이 통일전선전술, 통일전선전략인데, 중국 공산당은 창당 초기부터 코민테른의 영향으로 통일전선전술을 중요시했고 이후 국민당을 포함한 여타 집단 및 세력과의 통일전선을 형성해 왔다. 그리고 이를 통해 순차적으로 '모순이 적은' 세력을 포섭해 '모순이 큰' 세력을 분쇄하는 작업을 연쇄적으로 수행해 나감으로써 공산당 세력을 확대해 공산당 세력을 유일화하고 일당독재국가(one party state)를 건설하였다.

중국 공산당의 국공합작과 국공내전

예컨대, 중국의 공산당과 국민당은 서로 모순을 이루고 있는 적대적 관계에 있지만 군벌, 제국주의 세력, 일본이라는 공동의 적에 대항하기 위해 일시적으로 연합, 즉 통일전선을 형성하였다. 이것이 바로 1924년과 1937년의 1, 2차 국공합작이다. 이처럼 중국 공산당의 통일전선전술은 마오의 모순론에 직접적으로 기인한다. 모순론이 통일전선전술의 이론적 기반이자 실제적 지침이 되는 것이다. 모순론의 내용 가운데 주요모순과 부차모순, 모순의 상호 전화, 통일(동일성)과 대립(투쟁성), 적대적 모순과 비적대적 모순 등의 개념이 통일전선 전술을 형성하고 실행하는 데 직접적이고 실질적인 기초로 작용한다. 국공합작과 국공내전이 대표적이다.

1927년 장제스 국민당 정부가 상해에서 기습적으로 자행한 백색테러로 국공합작이 분열된 이후 십여 년간 대립하던 국공 양당은 1937년 일본의 중국 침략을 계기로 두 번째 국공합작을 하게 된다. 모순론의 관점에서 볼 때 제2차 국공합작의 성립, 즉 공산당이 국민당과 두 번째의 통일전선을 형성하게 된 이유는 중일전쟁의 발발로 인해 정세와 국면이 변화되어 십여 년간 주요모순이던 국민당과 공산당 간의 계급모순이 부차모순의 지위로 후퇴하고 중국과 일본 간의 민족모순이 주요모순으로 부상한 것으로 설명할 수 있다. 따라서 공산당은 모순론에 근거한 통일전선전술에 따라 적대세력이었던 국민당을 통일전선의 대상, 즉 연합의 대상으로 삼을 수 있었던 것이다.

이것이 바로 공산당이 명명한 '항일통일 전선'의 형성과 구축이다. 항일통일전선을 수립하여 일본에 대항하여 투쟁을 전개하던 중 1945년 2차 세계대전의 종결과 더불어 중일전쟁도 끝나게 된다. 즉 중국과 일본 간의 민족모순이 사라지게 된 것이다. 이러한 정세와 국면의 변화에 따라 부차 모순이던 국민당과 공산당 간의 모순이 다시금 주요모순의 지위로 부상하게 되었고, 이 주요모순을 처리하기 위해 양 세력 간의 통일전선은 해체되고 국공내전에 돌입하게 된 것이다.

중화인민공화국 수립 이전과 그 이후 모택동 시기의 통일전선은 넓은 의미로 볼 때 기본적으로 혁명통일전선이라 표현할 수 있다. 통일전선을 형성·구축하려는 근본목적이 민족혁명, 신민주주의혁명, 사회주의혁명을 성취하는 것이었기 때문이다. 시기, 단계, 정세에 따라 모순의 성격이 달라지듯이 혁명의 단계와 과제에 따라 혁명통일전선의 성격, 내용, 대상, 범위 등도 달라지는데, 1949년 이후 마오 시기의 혁명통일전선을 크게 일별해 보면, 1953년 이전까지 통일전선의 성격은 신민주주의혁명을 위한 통일전선으로 규정되었고, 그에 따라 통일전선의 대상과 범위는 노동자 계급, 농민 계급, 소자산 계급, 민족자산 계급이었다. 이는 〈공동강령〉과 오

민주국가의 보이지 않는 전장

성흥기에도 그대로 반영되어 있다.

그러나 공산당 집권이 안정기에 접어든 1953년 6월부터 시작된 과도기 총노선 시기[7] 이후에는 당과 국가 차원의 목표와 과제가 사회주의적 개조로 바뀌게 되면서 통일전선의 성격과 대상에도 변화가 생기게 된다. 신민주주의 혁명 단계의 인민민주정치에서 정부와 국가의 구성원으로 참여하였던 소자산계급과 민족자산계급이 제외된 것이다. 이처럼 통일전선전술에서는 일차적 최우선 과제인 주요모순을 해결하는 데 있어 유리한 환경을 확보하기 위해 부차모순과의 일시적 연합이나 우호적 관계 구축이 가능하다.

그런데 이때, 연합의 기반이 되는 동일성 속에서 투쟁을 멈추지 않으면서 결국 공산당과 '공산당이 장악한 국가권력'에 유리한 형태로 이끌어가

---

7. 1952년, 중국의 토지 개혁이 기본적으로 완료됐다. 같은 시기 정전 협상 양측이 주요 문제에서 합의해 6·25 전쟁이 종료될 것이 예상되었다. 이런 상황에서 중국공산당은 사회주의 과도기 문제를 제시했다. 1953년 6월, 중공중앙 정치국은 중국 공산당의 과도기 총 노선을 토론하고 제정했다. 중화인민공화국 건국에서 사회주의 개조의 기본 완료까지가 과도기다. 이 과도기에 당의 총노선과 총 임무는 상당히 긴 기간 내에 국가의 사회주의 공업화를 점진적으로 실현하고 국가의 농업, 수공업, 자본주의 상공업에 대해 사회주의 개조를 점진적으로 실현하는 것이다. 이는 사회주의 건설과 개조를 동시에 진행하는 노선이다. 당과 국가 차원의 목표와 과제가 사회주의적 개조로 바뀌게 되면서 신민주주의 혁명 단계의 인민민주정치에서 정부와 국가의 구성원으로 참여하였던 소자산계급과 민족자산계급을 제외하는 것으로 통일전선전술도 변경된다. 중국에서 사회주의 실현은 중국공산당 창당 때부터 확정된 분투 목표이다. 그러나 반식민지, 반봉건 사회의 역사적 조건에서 사회주의를 실현하려면 반드시 두 단계로 나눠 진행해야 한다. 우선 반제국주의와 반봉건의 신민주주의 혁명에서 승리를 거두고 그다음에 사회주의 혁명으로 이행할 수 있다.

는, 이른바 '동일성과 투쟁성의 변증법적 결합'이 중요하다. 다시 말해 통일전선을 통하여 적대, 이질 세력들을 공산당과의 연합세력으로 포섭해 나감으로써 소수의 적을 고립시키고 다수의 동조세력 혹은 우군을 확보하면서 공산당의 세력을 확대하고 나아가 집권 및 집정 역량의 강화를 도모하고자 하는 것이다.[8]

---

8. 김성민, 「중국의 사회단체 정책: 통일전선전술을 중심으로」, 아태연구, 제23권, 제4호, 2016.

전 세계로 확대되는 통일전선전술

한편, 통일전선전술은 시진핑 체제의 아젠다 중 하나인 중국몽을 달성하는 수단으로 제시되면서 국내 정치투쟁이 아닌 국제사회에서 중국의 우위를 점하는 수단으로 전환되었고 통일전선전술의 대상도 전 세계로 확대되었다.

2020년 11월 30일 중국 공산당 정치국 회의는 통일전선전술 조례 수정안을 확정하며 통일전선전술과 관련해 마오의 '마법의 무기' 교리를 언급했다. 인민일보는 직후 "단결할 수 있는 역량을 모두 단결하고, 동원할 수 있는 적극적 요소를 모두 동원해 애국 통일전선 사업을 추진하라"고 강조했다.

2021년 1월 5일에는 조례 전문이 공개됐다. 2015년 10장 46개 조문이던 조례 시행안은 14장 61조 1만225자로 늘었다. 권력 서열 4위인 왕양(汪洋·66) 정협 주석은 1월 18일 전국 통전부장 회의를 시작으로 조례 교육에 나섰다. 중앙 통전공작 영도소조 조장으로 통전을 진두지휘하는 왕양은 이날 "'마법의 무기'로서 통전의 역할을 각인하고, '나라의 대사'로 마음에 품으라"고 촉구했다.[9]

---

9. [신경진의 차이 나는 차이나] "통일전선이 으뜸" 마오쩌둥 교리 다시 꺼낸 든 중국, 중앙일보, 2021. 5. 3.

2019년 중앙통일전선공작부는 '온라인 인플루언서 팀' 선임 문제를 논의하기 위해 여우취안(尤權) 부장 주재로 중국 전역의 관련 부문 간부들이 참석한 가운데 첫 회의를 열었다. 여우 부장은 회의에서 "여론과 다른 분야에서 주도적인 역할을 할 수 있도록 유도하기 위해 온라인 팀을 만들 필요가 있다"고 말했다. 그는 또 "중국 인민의 부흥과 중국몽 실현을 위해 지혜와 힘을 집중할 수 있도록 온라인 인플루언서들을 공산당의 지지자로 만들기 위해 열심히 노력할 것"이라고 덧붙였다. 중국 공산당 중앙위원회에 직접 보고하는 기관인 중앙통일전선공작부는 전통적으로 중국 공산당과 국내·외의 비(非)공산당 엘리트들 사이의 관계를 관리하는 책임을 맡아왔다. 그러나 2018년부터 이후 중앙통일전선공작부는 해외 거주 중국인 관계는 물론 민족 정책, 종교 사무 등에도 관여하는 등 역할을 확대해 왔다.[10]

---

10. 중국 공산당, '중국몽' 실현 위해 '온라인 통일전선' 작업, 연합뉴스, 2019. 11. 29.

10장 도전과 응전

중국의 통일전선전술이 국제사회에서 중국의 우위를 점하는 수단으로 전환되면서 특히 중국 IT 기업들이 제공하는 플랫폼 서비스가 악용되고 있는 것으로 확인되기도 했다. 국제 NGO 단체인 글로벌 위트니스(Global Witness)와 뉴욕대학(Cyber security for Democracy, NYU)이 10월 21일 선거에 관한 논의가 가장 많이 진행되는 소셜미디어인 틱톡, 페이스북, 유튜브에서 오정보가 포함된 정치 광고 관련 조사 결과를 발표했다. 허위 정치 광고를 게재하는 실험을 한 결과 틱톡은 정책으로 모든 정치 광고를 금지하고 있음에도 불구하고 20개 광고 중 18개를 차단할 수 없었고, 3개의 매체(틱톡, 페이스북, 유튜브) 중 최악의 결과였다. 또 이런 정치 광고를 게시한 계정도 조사팀이 연락을 할 때까지 그대로 남아 있었다고 한다.[11]

---

11. 가짜 정치 광고, 유튜브는 모두 차단했지만 틱톡은… Tech Recipe, 2022. 10. 26.

페이스북은 20개 중 13개는 차단했지만 7개는 게재에 성공했다. 또 정치 광고를 게시하는데 사용한 3개 더미 계정 중 1개가 폐쇄됐다. 가장 결과가 좋았던 유튜브는 거짓 광고 절반이 하루 만에 거부됐고 나머지 절반도 며칠 내에 모두 삭제됐다. 게시물에 사용된 유튜브 채널도 폐쇄됐지만 해당 계정에 연결되어 있는 구글 광고 계정은 유효한 상태로 남아 있었다. 뉴욕대학 연구팀은 해당 실험에서 유튜브가 보여준 실적은 선거에 해로운 가짜 정보를 탐지하는 게 불가능하지 않다는 것이 입증됐다고 평가했다.

다방면으로 확대되는 중국의 영향력

중국이 중국어 교육과 자국 문화 홍보, 보급을 명분으로 2020년 말까지 세계 160여 국에 540개나 설립한 공자학원(孔子學院)도 이제는 중국의 영향력 침투 창구와 현지 유학생 등을 단속·감시하고, 고급 학술 정보를 수집하는 정보 거점으로 인식되고 있다. 서방국가들은 공자학원 폐쇄와 퇴출 결정을 잇달아 내리고 있다. 2023년 10월 취임한 리시 수낙 영국 총리는 "영국 안에 운영 중인 공자학원 30곳을 모두 폐쇄하겠다"고 발표했다. 우리나라는 아시아 최대 규모인 23개의 공자학원이 있다.[12]

중국의 정치 관여는 점차 구체적이고 적극적인 양상을 띠고 있다. 노동당 샘 대스티아리(34) 상원의원이 중국 기업인들한테 여행비와 법률 비용 등을 받은 사실이 드러나 2017년 12월 11일 사임하기도 했다. 그는 호주가 남중국해 문제에 개입하지 말아야 한다는 주장을 해 친중 정치인으로 평가되며 비판받은 바 있다. 멜버른대 로스쿨은 2000~2016년 해외에서 온 정치자금의 약 80%가 중국 측의 기부라고 집계했다.

2017년 독일 방첩기관인 연방헌법수호청은 최근 중국 정보 요원들이 가짜

---

12. 세계서 퇴출되는 공자학원, 국내선 23개 운영 '아시아 최다', 조선일보, 2023. 7. 23.

링크드인 계정으로 독일인 1만여 명과 연결을 시도하고 있고 "특정한 의회, 부처, 기관들에 침투하려는 광범위한 시도"가 있다며 주의를 촉구했다.[13]

뉴질랜드에서는 2017년 9월 첫 중국 태생 의원인 양젠을 둘러싼 간첩 논란이 불거졌다. 〈파이낸셜 타임스〉는 여당인 국민당 소속인 그가 중국군의 첩보원 양성 기관인 뤄양외국어학원에 다니는 등 15년간 중국군 첩보 조직과 연루돼 있었다며, 뉴질랜드 정보기관이 그의 진짜 신분에 대해 조사 중이라고 보도한 바 있다. 2023년 캐나다에서는 홍콩 태생인 캐나다 보수당 소속 마이클 청 연방 하원의원의 홍콩 거주 친인척 정보를 수집하는 데 관여한 중국 외교관을 추방했다. 청 의원은 중국 인권문제를 지속적으로 제기해 중국의 제재 대상 명단에도 올랐던 인물이다.[14]

미 해병 정보 담당자로 동북아 지역을 담당했고 미해병사령부 중국연구단에 속해 있는 Ornelas는 이러한 중국공산당의 '영향력 작전'(influence operation)에 미군이 균형 있고 의도적인 방식으로 대응하기 위해서는 아래와 같은 사항을 고려해야 한다고 제안했다.

첫째, 미군은 용어의 정확성을 염두에 두어야 한다. 용어의 정확성은 잠

---

13. 세계 곳곳 중국의 정치적 영향력 확대 마찰음, 한겨레신문, 2017. 12. 19.

14. 캐나다, 중국 외교관 추방… "우리 정치인 뒷조사", 한국일보, 2023. 5. 9.

재적으로 중국 공산당이 '영향력 작전' 수행을 검토할 때 관찰되는 행동 유형의 맥락을 확인하는 데 도움이 될 것이다. 용어의 구별은 미군과 정책 입안자가 적절한 결정을 할 수 있도록 할 것이다.

예를 들어 영향력(influence)과 간섭(interference), 대리(proxy)와 옹호(advocate), 또는 중국과 중국 공산당은 상호 대체될 수 있는 것이 아니다. 용어의 구별은 미군과 정책 입안자가 정보 공간 내에서 경쟁하는 데 있어 중국 공산당의 영향력 작전에 대한 적절한 접근법을 결정할 수 있게 할 것이다. 일각에서는 중국과 중국 공산당은 서로 분리될 수 없다고 주장하지만 두 가지 이유에서 용어 간 구별이 중요하다. 가장 중요한 것은 미군이 "복잡하고 높은 단계의 사상이나 개념을 하위 단계의 요소로 세분화하여 명확하게 정의할 수 있다"는 식의 환원주의 정신이 가져온 언어적 무능의 덫에 빠져서는 안 된다는 것이다.

특히 중국이나 해외 거주 중국인 전체를 중국 공산당과 혼동하거나 통일전선의 모든 공작을 광범위한 전 세계에 퍼져 있는 중국인 모두와 연관 짓는 것은 실제로 서구가 중국을 봉쇄하려는 인종주의 사회로 인식시키려는 중국 공산당의 서사를 돕게 되는 효과를 거둘 수 있다.

둘째, 중국 공산당의 영향력 작전에 대응하기 위해 자원을 할당하기에 앞서 미군의 임무 목록에 대해 영향력 작전이 미칠 영향을 고려하는 것이 중요하다.

예를 들어, 해병대는 연합부대의 구성요소로 전 세계적인 준비태세를 갖춤으로써 미국에 대한 악성 영향에 대항할 수 있는 능력을 가질 수 있지만, 중국 공산당이 전 세계에 걸쳐 수행하고 있는 영향력 작전에 대응하는 것이 이제까지의 해병대 작전을 가능하게 하거나 후속 연합부대를 위한 임무 수행 조건을 설정하는 명시된 임무 목록과는 일치하지 않을 수 있다. 따라서 중국 공산당의 영향력 작전이 미치는 악성 영향에 대응하기 위한 집중적인 접근이 필요한 경우와 해병대가 지리적으로 관련이 없는 지역에서의 영향 작전에 대한 대응을 인접 국가의 전력 요소나 합동군에 부여함으로써 통일전선전술과 영향력 작전에 대응하기 위해 해병대의 자원 소비를 최소화하는 것이 필요하다.

마지막으로, 미군은 영향력의 측면에서 힘의 균형이 여전히 서방에 대체로 유리하다는 것을 고려해야 한다. 지난 40년간 영향력 그 자체의 방향성을 살펴보면, 서구사회가 동시대 중국의 발전에 미친 영향과 중국이 동시대 서구사회의 발전에 미친 영향을 비교했을 때, 서구사회가 영향력 있는 공간을 지배했음이 분명하다. 이것은 연성 권력(soft power) 개념의 창시자인 조셉 나이가 민족주의적이고 권위주의적인 중국 공산당 중심

체제에 대해 개인, 시민사회, 그리고 민간 부문을 촉진하는 자유롭고 개방적인 미국 사회의 특성이 미국의 경쟁 우위로 보는 것과도 연관돼 있다.

중국공산당이 수행하는 '악성' 영향력 작전의 실체를 공개하고 미국이 가진 연성 권력의 원천을 활용하며 일관성을 유지하는 것은 탐지 효과를 통해 잠재적인 억제력을 제공하는 동시에 영향력 작전에 대한 대응 작전을 수행할 때 미국의 합법성, 도덕적 권위를 보존할 수 있는 수단이다.

'영향력 작전'에 대한 성공적 대응

실제로 중국 공산당이 수행하는 영향력 작전에도 불구하고 중국 공산당은 전략적 목표 측면에서 거의 달성하지 못하고 있다. 최근 조사 연구에 따르면, 89퍼센트의 미국인들은 여전히 중국에 대해 부정적인 견해를 가지고 있으며, 대다수의 응답자들은 중국을 적이나 경쟁자로 보고 있다. 특히, 일본에서는 오키나와를 중심으로 한 주일미군기지에 대한 반대 정서에 기인한 잠재적인 취약성에도 불구하고, 중국 공산당의 영향력 작전과 서사가 더 많은 사람들에게 반향을 일으키지 못하고, 중국 공산당의 고차원적인 전략적 목표는 실현되지 못한 채로 남아 있다. 호주, 뉴질랜드 및 유럽 연합 전역에서 중국 공산당의 영향력에 대한 저항은 중국 공산당이 수행하는 영향력 작전이 빠르게 인식되고 전세가 역전되고 있음을 보여주는 강력한 지표이며, 이는 인지와 정보 영역 내 힘의 균형을 중국 공산당에 유리하지 않은 방향으로 더 멀리 이동시키고 있다.

중국 공산당의 영향력 작전에 대한 적절한 대응을 위해서는 상황에 맞는 맞춤형 대응이 필요하다. 이를 위해 핵심적인 목표, 전략, 전술을 이해하는 것은 적절한 대응을 구성하는 데 도움이 되고, 그 노력에서 미군이 어떤 역할을 하는지 결정하는 데 도움이 될 수 있다. 균형 잡힌, '측정된' 접근법을 통해 미군은 정보 환경 내에서 효과적으로 중국 공산당의 영향력 작전과 대응하고 이들의 비밀스럽고 강압적이며 부패한 활동에 대항할 수 있으며, 지속적이고 비례적인 대응을 통해 정보 영역에서 중국 공산당의 공격을 저지할 수 있다.[15]

---

15. Timothy A. Ornelas, "Chinese Communist Party Influence Operations", Marine Corps Gazette, 2022

우리를 위협하는 상시 전장, 당신의 마음

앞에서 살펴본 것과 같이 러시아와 중국이 발전시켜온 하이브리드전과 회색지대 전술은 이들 국가와 오랫동안 교류해 온 북한의 군사 전략에 강한 영향을 미치고 있다. 핵무기의 지원을 받는 러시아의 하이브리드전은 북한의 핵무기 개발과 운용 교리에 직접적인 영향을 주었다고 할 수 있다. 해상민병대를 중요한 수단으로 하는 중국의 회색지대 전략을 북한은 언제든 NLL 무력화의 유효한 수단으로 활용할 수 있다. 또한 우리와는 배타적 경제수역과 이어도 등을 두고 분쟁 가능성이 잠재해 있는 중국 역시도 동남아시아에서 수행해온 회색지대 전략을 언제든 우리나라를 대상으로 수행할 가능성이 상존해 있다.

이처럼 전통적인 군사적 능력의 열세를 극복하기 위해 전쟁의 임계점 이하에서 갈등을 일으켜 목표를 달성하려는 러시아와 중국의 다양한 시도는 지속적으로 발전해왔고 이는 건국 이래 우리나라를 체제 전복의 대상으로 삼고 있는 북한의 군사 전략에 영향을 주고 있다. 이뿐만 아니라 이러한 전략을 발전시켜 온 국가들 역시 우리나라를 대상으로 적대행위를 수행할 가능성이 상존하는 국가들이라는 점을 잊어서는 안 될 것이다.

인지전에 대한 경각심의 필요성

특히 가장 필요한 것은 '인지전에 대한 경각심'이다. 식상하지 않은 방법으로 '북한이 수행하는 인지전에 대한 경각심'을 촉구하는 것은 사실 이 책을 쓰게 된 이유라고까지 할 수 있다. 중국의 통일전선전술이 국제사회에서 중국의 우위를 점하는 수단으로 전환되면서 발생한 문제들은 우리나라에서는 사실 건국 이래 통일전선전술의 일환으로 북한에 의해 수행되어 온 안보 저해 활동이다. 북한은 통일전선전술의 일환으로 1949년 조국통일민주주의전선을 결성한 바 있고, 이후 반미구국통일전선·반파쇼민주연합전선 등의 구축을 외치며 1980년대 한국민족민주전선을 위장·출범했으며, 1990년대 조국통일범민족연합·조국통일범민족청년학생연합 등을 결성한 바 있다. 2000년대에 들어서는 인터넷의 발전으로 전통적 방식에서 사이버 공간 등으로 통일전선 전술을 변경해왔다.[1]

---

1. 민족문화대백과사전 통일전선 항목 참조

한편, 북한은 2023년 3월 노동당 선전선동부 산하에 대외 인터넷 선전을 총괄하는 조직을 신설하는 등 대남 '심리전' 기능을 대폭 강화하고 있다. 김정일은 천안함 폭침, 연평도 포격 등 군사적 도발뿐 아니라 2009년 디도스 공격, 2011년 농협 전산망 파괴 등을 주도했던 전 조선로동당 통일전선부장 김영철을 통일전선부 고문으로 임명했다. 김정일은 김영철에게 한국 사회 혼란, 국정 훼방 등 대남 공작 강화를 주문한 것으로 알려졌다. 우리 정부는 북한이 김영철을 사령탑으로 세워 2024년 총선 등 한국 정치 일정에 맞춰 대대적인 사이버 정보전을 전개해 사회 혼란을 일으킬 가능성에 대비하고 있다고 밝힌 바 있다.[2]

미 펜실베이니아대 연구진에 따르면 25%의 사람이 새로운 가치관이나 소수 의견에 동의하게 되면 고정관념이나 새로운 가치관의 소수 의견이 전면적으로 확산하기 시작한다고 한다. 이 연구에 따르면 25%를 약간 상회하는 사람들이 새로운 가치관이나 소수 의견에 동의하게 되면 이 소수집단은 소속 그룹의 72~100%에 이르는 사람들을 바꿀 수 있다. 연구진은 25% 룰이 적용될 수 있는 대표적인 곳으로 온라인 공간을 지목했다. 로봇과 같은 자동화된 메시지 전달자를 구별할 수 없는 경우에는 로봇 역시 변화를 주도하는 '행

---

2. 北, 김영철 지휘로 대남 여론조작… 아이들 폰까지 침투했다, 조선일보, 2023. 7. 22.

동하는 소수'가 될 수 있다고 한다.[3]

또한 에리카 체노웨스가 1900년에서 2006년까지의 시민저항운동을 분석한 결과에 따르면 전체 인구의 3.5%가 저항운동에 참여하면 거대한 정치적 변화가 일어난다고 한다. 즉 전체 인구의 3.5%가 적극적이고 지속적인 비폭력 저항운동에 참여하면 이 저항운동으로 인해 즉시 정권이 바뀌거나 참여가 정점을 찍은 후 1년 이내에 목적이 달성된다는 것이다.[4]

즉 북한이 우리 사이버 공간에서 '로봇'을 이용해 우리 국민 중 25%가 북한이 유통하는 가치관이나 의견에 동의하도록 만드는 데 성공하거나 우리 국민의 2.5%가 적극적이고 지속적인 비폭력 저항운동에 참여하도록 한다면, 곧바로 혹은 1년 이내에 '선거 이외의 방식'을 통해 정치권력이 교체될 수 있는 셈이다.

---

3. 25%가 모이면 세상을 바꿀 수 있다, 한겨레신문, 2018. 6. 22.

4. The '3.5% rule': How a small minority can change the world, BBC, 2019. 5. 14.

인지전에 둔감한 사회적 분위기

그러나 서구와 달리 이미 인지전이라 할 수 있는 환경에 상시적으로 노출돼 있던 우리나라는 인지전의 위협에 매우 둔감하고 관성적인 대응에 머물고 있는 것이 현실이다. 이러한 점에서 중국의 통일전선전술에 대응하는 서방 국가들의 대응은 크게 참고할 만한 점이 있다. 또한 러시아, 중국 등 다른 권위주의국가들이 수행하는 인지전, 통일전선전술에 대한 서방 국가의 대응에 우리나라도 참여함으로써 북한이 수행하는 인지전, 통일전선전술 대응에 서방 국가들도 참여하도록 해 우리의 대응 능력을 강화하는 것도 필요하다.

무엇보다 중요한 것은 '인지전이 상시적으로 수행되고 있다'는 사실을 우리 모두가 인식하는 것이다. 근본적으로 인지전은 '외부 세력이 국내 여론을 무기화하는 것'이다. 따라서 '여론을 무기화하는 것이 불가능한' 환경을 조성하는 것이 가장 강력한 대응수단이 될 수밖에 없다. 이성적 사고 능력과 근거 중심의 사고 능력을 배양하고 정파적 사고에 매몰되지 않으려는 노력이 무엇보다 중요한 이유이다.

민주주의 체제에서 영토 밖의 적대적인 외부세력이 직접적으로 국내 여론 형성 과정에 개입하는 것을 차단하는 것은 불가능하지 않다. 그러나 적대적인 외부세력에 동조하거나 이들과 일체가 된 자들이 '국내에서' 적대적인 외부세력에 동조하는 여론을 형성하는 것을 저지하는 것은 매우 어려운 일이다. 이를 위해서는 '적대적인 외부세력에 동조하는 여론을 형성하는 행태가 민주주의 국가 대한민국을 파괴하는 일'이라는 인식을 바탕으로 반대하는 강력한 여론의 힘이 필요하다.

그리고 이러한 여론의 힘이 뒷받침될 때, 민주주의의 이름으로 사실상 치외법권의 영역으로 남아있는 영역들이 적대적인 외부세력에 동조하거나 이들과 일체가 된 자들에 의해 악용되며 민주주의 체제를 위협하는 '민주주의로 인해 민주주의 국가가 파괴되는' 현상을 우리가 경험하지 않도록 하는 제도적, 법적, 비제도적, 문화적 장치들이 마련될 수 있을 것이다.